高档居家室内设计

卧室·书房·儿童房

孙佳成 编著

中国建筑工业出版社

图书在版编目(CIP)数据

卧室·书房·儿童房/孙佳成编著. — 北京：中国建筑工业出版社，2010.12
(高档居家室内设计)
ISBN 978-7-112-12679-8

Ⅰ.①卧… Ⅱ.①孙… Ⅲ.①卧室-室内装修-建筑设计-图集②书房-室内装修-建筑设计-图集 Ⅳ.①TU767-64

中国版本图书馆CIP数据核字（2010）第226964号

责任编辑：马　彦
责任校对：姜小莲　刘　钰

高档居家室内设计
卧室·书房·儿童房
孙佳成　编著
＊
中国建筑工业出版社出版、发行（北京西郊百万庄）
各地新华书店、建筑书店经销
北京九如轩文化艺术发展有限公司制版
北京顺诚彩色印刷有限公司印刷
＊
开本：880×1230毫米　1/16　印张：6　字数：148千字
2010年12月第一版　2010年12月第一次印刷
定价：38.00元
ISBN 978-7-112-12679-8
　　（19905）
版权所有　翻印必究
如有印装质量问题，可寄本社退换
（邮政编码 100037）

前 言

家居装饰是打造居住空间环境的手段,是人们追求、提高和享受更好居住环境的需要。打造一个什么样的、什么风格的家居环境是家居装饰设计的主要内容。"家"是"人"生活和居住的场所,是具有不可侵犯的、独立的、私密性空间。因此家居装饰的主要目的和任务,就是为人们创造一个使人们在生活上方便、舒适、适合、惬意、功能合理和具有美感的安定空间。

家居装饰是一个繁杂的工作过程,内容广泛,基本涉及了人们生活的各个方面。因此在进行家居装饰过程中应充分了解其复杂性,充分认识和理顺家居装饰各个环节的相互关系以及各个环节之间的相对重要性,使自己做到心中有数,这样就能有效和轻松地把握整个家居装饰的全过程。那么究竟怎样来评价一个家居装饰的好坏呢?我认为通常情况下,一个好的家居装饰主要由以下三个方面的内容来构成:首先是设计方面的内容,因为家居装饰是需要经济条件来支持的,如果没有一个好的、合理的设计,就会造成空间功能使用上的不合理,那么后面的施工工艺和质量也就显得缺少了意义,经济上也就会造成损失。因此必须在保证和解决好前期设计的前提下,后两者才能体现其真正的价值。其次是解决家居装饰过程的施工工艺和质量问题,如果没有一个好的产品质量和施工质量,那么前期一个好的设计就无法得到保证。其三是在以上两个环节都得到保证的情况下,合理有效控制工程造价的问题。只有在以上三方面都做好的情况下才能算得上是一个真正优秀的家居装饰,这三个方面缺一不可。如果将以上三个环节的相对重要性排序的话,其应该是设计——质量——经济的先后关系。

本书收录了部分相关家居装饰设计创意的图片,并结合其空间特点对其进行了点评和解析,旨在为读者提供参考,同时对家居内部不同的单元空间进行详细的讲解和分析,指出在装饰设计上的要点和注意事项。书中还结合对各种装饰材料进行了详细的讲解和介绍,包括家庭装修中最常用的装饰材料以及材料的选择和注意事项等问题。

目录 Contents

前言 P3

卧室 P5

书房 P56

儿童房 P76

家装材料选购常识 P83

家居装饰验收的技巧 P96

卧室空间为人们提供休息和睡眠场所，因此要营造安定、和谐、温馨、舒适、柔和等有利于人们精神放松和休息的空间感受，同时需要强调的是，卧室不仅仅指简单意义上的休息和睡眠场所，而是怎样获得高质量的、身心舒畅的、美好的休息和睡眠，因此卧室空间在满足基本功能需要的前提下，更讲究情调、意境、感受、文化等有内容、有内涵的空间氛围营造上。

空间装饰的主要材质、色调、灯光等宜采用柔和的暖色系为主，主要功能设施由床、床头柜、储物柜等组成，地面可采用木质地板、地毯、地砖等材质，墙面宜采用色彩柔和的墙漆、壁纸等材质，灯光照明要采用暖光源和局部重点和泛光环境照明相结合的方式，窗帘布艺、软装饰等应能体现卧室空间柔软、体贴、浪漫的一面。

床是卧室设计的中心，空间的装饰风格、布局、色彩等都应以床为中心而展开，在进行设计时首先应考虑的是床的位置和方向，然后再展开其他配套设计。

灯光是任何一个空间都不可缺少的，它一方面衬托人们的生活空间，增强其层次感，另一方面还起着调节人们精神状态、舒缓人们工作压力的作用，因此卧室的照明不仅要能满足正常的工作、生活需要，还要利用光照和光影效果有效地烘托室内环境气氛，总之要使卧室成为一个舒适、温馨、浪漫、惬意的休息和睡眠的空间。

1 褐色的主墙面与白色的布艺床罩、靠枕鲜明对比，精致的床头方块挂饰画和床头柜上的陈设小镜框，起着点缀和装饰空间的大作用，床头两个简洁造型的小台灯非常时尚和个性，床上的托盘和茶具非常有情调。

2 花色图案纹样的墙面和窗帘增强空间的视觉震撼力，古典金色、豪华的家具和灯具很有形式感，贵族风格的王后床尽显主人的品位和身份。

3 **现代大气**的卧室空间，色彩搭配和谐统一，使空间素雅而华贵，床头的挂墙式书架让空间富有知性，现代简洁、别致的床头柜和床头灯体现着时尚和简约。

4 墙面壁纸的色彩
和花色、家具的款式和色调使这个卧室形成了西式风格的空间氛围,花式水晶吊灯、柔软的布艺搭配等都使空间显得舒适和富有文化底蕴。

5 典型的西式家具
和空间形式,尽显了奢华的西式贵气和品质,追求华贵、夸张、工艺精湛的表现。

1 **黑檀木**色和土黄木色搭配的色调，使空间显得传统和沉稳，床头背景墙上的中式字画和宫廷冬瓜灯以及墙面上的古文字纹样的玻璃推拉门，都凸显了中式古典传统文化。

2 **红褐色**的色调空间显示出华贵感，白色的布艺和软织与其搭配显得纯洁、柔美和浪漫，朦胧的玻璃衣橱门在灯光下若隐若现，含蓄并富有情调，也为空间增添了生活的情趣。

3 斜屋顶或人字形顶的空间，延续了原建筑结构的形式，充分体现或刻意追求的现代简约风格特征的空间形式，结构的现代感、力度感和安全感等都是真、善、美的体现，图中屋顶的形式和家具及其陈设、装饰元素等内容，显示出欧式空间风格特征。

4 浅暖色调的卧室空间，使人有温暖、体贴、容纳之感，床头的造型和灯具巧妙地结合在一起，非常独特，布幔形式的床头背和窗帘相呼应，墙上的三幅镜框装饰画构成了床头背景墙，起着装饰空间的重要作用。

1 写字桌和窗台、壁橱有机地联系在一起，体现了设计上的巧妙，使窗台和写字桌成为一个整体，写字桌又和壁橱连成整体，让三者具有很强的整体形式感。壁橱内设光源增强了壁橱的通透感和层次感，并起到了衬托装饰陈设品的作用，使空间视觉效果富有变化。

2 欧式古典主义风格的卧室空间。精雕细琢、繁杂工艺的家具款式、丝织绸缎的床上用品和窗帘布艺、独特风格的工艺灯具以及装饰风格和空间的整体色调，都体现出浓厚的欧式古典主义风格情调。

3 **传统风格**的茶几、休闲款式的沙发搭配大花图案的床上布艺用品和窗帘,尽显休闲、惬意的乡土风情气息。

4 **现代简约**风格的卧室空间。家具形式简单无修饰,空间干净利落,讲究构成的形式感。

5 **黄色**是一种典雅、华丽的色彩,搭配以金色画框的装饰画和柔软的布艺床罩、靠枕、台布,在灯光的作用下,使空间温暖、典雅与尊贵,给人一种雍容华贵的印象。

1 **黄色**墙面奠定了空间的主色调，藤质家具有质感、自然而朴实，现代的灯具和抽象装饰画在简约的空间中显得时尚并富有装饰性。

2 人字形屋顶木梁结构使空间趋向追求自然，白色黑点图案和木本色材质搭配的主墙面具有强烈的视觉效果，简洁、现代的床和床头柜融为一体，具有很强的形式感。

3 在卧室中增添了一个书房空间,把电视壁橱做成整面墙的形式非常实用,床和床头柜现代、简约。

4 花色图案纹样的墙面和窗帘让空间富有内容和视觉表现力,金色古典、豪华的家具和灯饰很有特点和代表性,超大规格的王后床体现了空间的荣华与尊贵。

❶ **华丽、富贵**、大气的卧室空间。深、浅色调和材质的搭配，使空间富有对比和变化，宽敞的落地窗和大窗帘让空间具有很强的通透性和柔美感，豪华的家具、沙发、灯具显得贵气，华丽富贵的床上布艺、床罩、靠枕、靠垫和墙面的软包装饰、地毯地面等都使空间尽显高贵与品质。

❷ 同样是**深浅色调**搭配的形式，让空间对比强烈，在陈设、装饰上点缀或配以金色、银色，具有明显的新古典主义风格倾向，追求简洁、典雅、节制的品质和高贵的淳朴、庄穆的厚重，在色彩上反对过分的渲染，整体空间以稳重大气的深色调为主，使空间显得富丽、华贵。

3

> **3 简约的风格**空间,追求去繁求简,讲究形式感和构成感。

4

> **4 红色大花**的墙面具有震撼的视觉感,让空间热情奔放、活力四射,传统古典的家具和陈设使空间富有一定的传统文化性。

1 利用光影和灯光营造卧室空间效果。在空间设计中光的应用非常重要，没有良好的光照效果，就不可能很好或完全地表现空间，好的光照设计不只是提供实用性照明的需要，更重要的是能表现空间环境，营造良好的空间氛围和保护生态环境与节约能源。

2 暖黄色的窗帘在自然光的透射下，把空间映射成暖色调，有温暖感，深色传统的家具和陈设使空间稳重、成熟，而柔软、华丽的床上布艺和窗帘、地毯让空间体贴和柔美，墙上的三幅镜框装饰画起着平衡墙面构成和装点空间的作用，使整个空间的色调和形式谐调统一、稳重大方。

3 崇尚繁杂装饰、追求奢华品质的西式装饰风格，常借用花色图案和纯装饰性的表现处理来震撼人们的视觉感受，突出视觉效果，强调空间的装饰性，营造华丽和高贵的空间气氛。

4 华丽、富贵、大气的卧室空间。深、浅色调搭配，使空间富有对比和变化，豪华的家具、沙发、灯具让空间很贵气，华丽富贵的床上布艺、床罩、靠枕、靠垫和墙面的软包装饰、地毯地面等都使空间尽显高贵与品质。

1 深色家具、地面和浅色墙面的色彩搭配。深色可以使空间稳定和有重量感,浅色给人轻松、简洁、愉悦感,两者搭配有相互调和的关系。

2 将卧室中壁柜边角设计处理成写字桌和搁板层架的形式,既可以增强空间的形式内容,又具有一定的实用性功能,搁板层架下配置背景灯光起到很好的展示作用。

3 家具、陈设、窗帘和罗马柱等元素都在共同营造着欧式风格的空间环境,在有条件的卧室中设置一个起居空间或阅读空间,既为主人提供了生活上的方便,又体现了空间上的豪华和气派。

4 这是一个**公寓式小户型**的家居空间,将卧室、起居等功能全部集中浓缩在一个空间中。

5 **地毯**的几何图案是这个空间的特色和亮点,它使空间有强烈的构成感,搭配以简洁时尚的家具和灯具,从形式上、色彩搭配上构成了现代、简约、时尚的个性空间,充满青春活力。

1 **床头背景墙**上的层板设计既有装饰作用，又有实用功能，使背景墙面不再单调并具有形式感，层板格的黑镜玻璃背板增加了空间的变化和层次感。

2 **简洁、明快**的空间色调，使人有轻松、爽快、明了的视觉感受。其家具的设计体现了家具结构的精髓——"木榫结构"，使床的形式感很强，同时木榫形式的造型还兼有床边几的作用。

3 **家具、色彩、材质**的经典组合与搭配。好的搭配可以使空间协调、舒适、经久耐看，能够营造出良好的空间环境和视觉效果。

4 **主要以**织物、布艺和色彩来表现的空间。织物与布艺给人以柔软、体贴、温和、触感舒服、飘逸等感觉，而色彩可以给人以情感上的心理联想和触动，使人对空间产生各种各样的情感反应。

1 **卧室空间**最主要的家具是床，床是绝对的主角，其形式、风格以及舒适度都应是重点考虑的问题，尤其是床罩、靠垫、靠背以及窗帘布艺等软织用品，具有很强的艺术装饰性，对空间风格、情调、意境的形成有很大作用，可提升空间的温暖感和舒适性。

2 **浅木色**与白色搭配使空间显得轻松、宁静、随和，而宽大的空间尺度和开敞式卫生间的巧妙设计又是一大亮点。电视墙的背后是卫生间区域，其开放的形式既增强了空间的开阔性又增添了卫生间的情调和趣味性。

3 **白色凹凸**的工艺门，搭配色调和谐统一、深浅相间的条形墙面和地毯，使空间优美而雅致。

4 由于**织物在卧室空间中**所占面积较大，所以对空间的氛围、格调、视觉效果等起着较大作用，织物具有柔软、体贴、触感舒适等柔性的特征，可以使空间具有很好的舒适性和温暖感，同时又是空间的主要装饰元素之一，其色彩、质感、花色、图案等不同的形式和特性都能使空间显示出不同的视觉效果。

5 在**卧室空间**中增添了写字桌，使空间风格趋于中性，既能保证较好的睡眠，又有工作、学习的情调和氛围。

1 **深色木地板**和白色墙面、顶面，让空间有上轻下重的稳定感，顶面的叠级造型与床形成了上下呼应的关系，素雅的白色墙面、顶面和直线几何造型让空间有些硬朗，而落地窗帘、床上织物和布艺又使空间多了一分柔性。

2 **木制雕花床头**、白色与深色搭配的传统床头几、精致小巧的床头工艺小台灯和床头镜框装饰画并点缀以精巧的盆景与绿色植物，在高级灰的色调下，营造出诙谐、优雅的空间情调，而柔软的床上布艺、织物让空间显得温柔体贴，使人感觉舒适和亲切。

3 **金黄**的主色调点缀以深红色家具、装饰等辅色调，使空间华丽、富贵，超大的空间尺度尽显开阔、大气、豪华，具有很强的空间感。空间的界面处理主次分明，色彩的搭配和谐大方，使空间显得雍容华贵、气派华丽。

4 **白色的基调**搭配以青色背漆玻璃，在点光的照射下显得晶莹剔透、有透明感，在深色材质的衬托下形成强烈对比，使空间清澈而透明。

❶ **经典的家具**和床面布艺配置让空间富丽、华贵、有品质，床头背景的镜面映射效果在织物线帘的半遮半隐中忽隐忽现，丰富了空间的层次，增添了虚幻的视觉效果，并有空间扩大感。

❷ **高档华贵**的家具和空间界面的形式、色彩非常协调，高级暖灰系列的整体色调，使空间雍容华贵、舒适大气，具有新古典风格色彩。

3

3 冷色 一般是指以蓝、青为中心或有其倾向的色彩系列。冷色具有后退感,是理性的色彩。图中的地面、家具、陈设和床上织物的冷色系列使空间轻松和明快,冷色调的空间比暖色调的空间有节奏感,可使人心情爽洁,不会感到沉闷和压抑。简洁大方的白色活动电脑桌为工作学习带来了方便。

4 稳重、随和 的低纯度暖色调卧室空间。低纯度暖色系列使空间特别随和、协调、平静和富有理性,让人产生静而思考的心理感受,若空间中点缀以高纯度或明亮的色彩就会使空间闪现出灵感并迸发出激情。

4

1 简约、现代、深色冷调的色彩，使空间理性、冷静、有知识性和富有思想。应用冷色时要注意不同明度和纯度的面积比，同时要适当加入暖色点缀其中，在保持整体和谐的同时追求变化，避免空间出现过于空旷、冷清和缺乏生活气息的问题。

2 卧室空间 最主要的家具设备是床,其次就是储衣间或衣柜,因为主人的随身衣物通常都跟随在主人身边,以便随时选用。衣柜的功能就是单一的储存,因此要能保证使用方便、安全稳固、有效利用,在使用上特别注意要按照衣物的类型、款式、尺寸要求来归类和分隔区域,以保证合理、有效、方便使用。

3 将电视设置 在壁柜橱中可谓是一举两得,既节省了外部空间又增加了壁橱的空间形式感,和壁橱共同形成了一个完整的视觉墙面,在灯光的映射下富有层次、简洁大方。

4 布艺、图案 在家居空间中的艺术效果和魅力。图案本身就具备装饰性,可以给人或具象、或抽象的审美观感,它能感染空间,使其有图案中的意境和艺术感染力,可增强空间的情调。织物和布艺具有柔性美,可以软化空间,增加温柔和体贴感,使空间柔和、亲切和舒适。

1 简约、现代的卧室空间。红木色家具和木饰面搭配并点缀白色，使空间具有时尚和现代感，浅褐色的木地板起着衬托家具和空间的作用，使空间柔和、协调和统一。床头的造型背景墙面具有一定的形式感，并有着平衡空间和构成的作用，使空间富有变化，不至于呆板和单调。

2 传统欧式风格的卧室空间。在白色的墙裙、花色的图案墙面上，用白色的装饰线条圈边，非常具有传统形式感，而金色的顶棚和家具上金色的装饰点缀使空间华丽、贵气，紫红色的整体空间色调显得热情、霸气和尊贵，罗马式的大窗帘和布艺造型的床头背景，体现和增强了空间的柔性美，墙面上的金色镜框装饰画又构成了空间的视觉中心，使整体空间在色调和形式上协调统一、有主有次、富有变化。

3 在超大的空间中应根据情况设置与空间大小相适应的功能配置和内容，以避免空间过于空旷和单调，如在卧室中增加一个起居区域，供主人自己使用，而罗马柱、窗帘、家具、陈设、装饰风格等典型的传统欧式风格元素体现出浓厚的欧式古典主义风格，使空间具备了豪华、大气与尊贵的品质。

1 **简约时尚**的暖色调卧室空间。黄色的背景墙面、木地板、灯光、家具等让人有华丽、典雅的色彩心理感受，而橙色的床上织物给人以随和、友善、开放和接纳的色彩心理感受，窗帘和地毯的重色为空间增添了重量感，起到了增强对比、稳定和调节空间的作用。

2

2 简洁淡雅的卧室空间。主要追求和讲究空间的构成和形式感，以体现结构的相互关系，在色彩上讲究主色调和辅色调搭配与点缀的相互关系，追求形式构成协调统一的整体空间。

3 深色的地面把白色的家具和床罩衬托出来，形成鲜明的对比效果，墙面深浅相间的色条在含蓄中追求变化，白色古典家具、墙面脚线和窗口边线以及床上的花色织物、布艺装饰用品等，都是传统欧式风格的具体表现。

4 自然朴实的空间效果。顶面的木梁结构和木板顶棚配以床头墙面的木板背景以及古朴的家具、陈设、木地板等，使空间淳朴、自然、有亲切感，白色的床上布艺点缀咖啡色的靠枕，显得纯洁而有品位。

1

2

❶ 白色床罩在整个空间环境中显得格外纯洁与肃静,床头背景的镜面墙扩大了空间的视觉感并丰富了空间的层次、内容,深红色和黑色家具搭配金银色的镜框装饰画和陈设艺术品,使空间高雅而华贵。

❷ 以床为主来表现卧室空间的形式,通过简化不必要的装饰来突出以床为主的表现形式或借助装饰形式来更好地表现以床为中心的主题内容或床文化。图中深蓝色的床罩、布艺搭配浅色的条形点缀,给人以沉静、理性、智慧的视觉心理情感,而右图玫瑰红色的床罩、布艺和床头及顶棚的造型形式有玫瑰绽放的寓意,使空间充满了浪漫主义色彩。

3 借助花色 图案墙面的效果烘托空间氛围，图案的装饰能使空间变得情致浓厚、丰富，配之古典传统的欧式家具，使空间富有浓厚的西式生活情调。

4 纯洁、朴实， 淡雅的白色情调和传统复古的白色家具，在小碎花墙面、碎花装饰瓷瓶和碎花布艺织物的装扮下非常有情趣，使空间散发出优雅、清新的花香。

1 　**大面积**的浅木色背景墙，看上去很大气，和床上的软织布艺、地面的木地板等也十分协调，深色的床垫和墙面的造型装饰、家具茶几等使空间形成鲜明的对比，并增添了空间的厚重感。

2 　**白色**床罩在富丽堂皇的环境氛围中显得格外朴实无华、纯洁如玉，有消烦减躁的作用，大面积镜面的使用扩大了空间视觉效果，也丰富了空间的层次和内容，是一种很好的装饰手法，带来无可比拟的视觉效果。

3 **深色**的家具和地面,让空间有下沉和重量感,简洁而单纯的顶面使空间在深色地面的对比下有轻盈感,床头的背景文字和局部的装饰艺术陈设品体现了一种特定的文化氛围。

❶ 黑色家具点缀以金色的局部装饰再配以古典主义风格的装饰和陈设，使空间显得霸气和富贵。白色的床饰布艺和装饰线条搭配浅黄色的墙面、灯具，让空间有了几分幽情、雅致，使空间趋于随和、温馨和雍容华贵。

❷ 红色大花图案的床头背景，有强烈的震撼力和感染力，对空间风格和色彩调性起着决定性作用，使空间热情、奔放，而其中的图案和纹理又隐含着某种文化，富有内涵和品质，罗马窗帘、灯具、家具陈设等为空间营造出欧式风格的情调。

3 注重织物的使用和搭配，可以营造出温馨、浪漫、舒适体贴的卧室环境。织物的选择和使用主要可以考虑三个方面的内容，其一是质地及布料的品质和材料的特性；其二是布料的肌理、纹样和花色；其三是布料的色彩，三者相辅相成有着内在联系。布料质地影响品质和触感，而肌理、纹样和花色或图案隐藏着深层的文化和内涵，色彩却能使人有不同的视觉心理情感反应，可见织物布艺对卧室空间的重要程度。

4 织物和布艺在卧室空间中的作用和用途是最多的，因此其影响力也相当大，因为织物和布艺都有不同的色彩、机理和纹样，更讲究视觉和触觉的搭配效果。柔和的同类色搭配给人以朴素、高雅的感觉，原色的搭配易于表现华丽的效果，有图案、肌理、纹样的织物搭配则要讲究其文化内涵的表达和装饰性与构成感。

1 红色是典型的中式传统颜色，它热情奔放，充满活力，出现在中式风格的空间中就更具有传统文化特色，并超出了单纯意义上的色彩范围，再搭配以传统和现代相结合的中式风格家具、中式字画和绸缎布艺等，营造出浓厚的中式风格情调空间，使人充分感受中国文化和传统。

2 窗帘的布艺效果洒脱而飘逸。传统色彩的皮制艺术墙面挂饰品和精致的双鹤戏游、陶瓷插花艺术品与飘逸洒脱的窗帘和靠垫构成了一幅传统而美丽的风景诗画，使人有触景生情的美好意境。

3 传统中式家具和床上绫罗绸缎的丝织布艺、具有中式传统色彩的靠枕、靠垫，都体现了典型的中式家具、色彩和陈设的风格特征，但墙面的碎花浅色壁纸、镜框装饰挂画和地面的地毯，却体现出了现代风格的装饰特征。

4 橙黄色的墙面搭配深棕色家具和白色床罩、布艺、窗帘等，显示出古典、高贵的气质，使空间大方、从容，给人以随和、平等、亲近的心理感受。

1 白色的墙、顶面 让空间单纯和肃静，顶面的木梁和墙面的木色搁板架相呼应，在白色的空间中特别突出。简洁的白色电脑写字桌在深色地面的衬托下很醒目，形成了强烈的对比效果。

2 顶面的简约 使空间特别规矩和整洁，床头背景墙上的大花图案是整个空间的主题内容，纯白色的床罩、布艺、织物纯洁无瑕、洁白如玉，深木色的家具和装饰木面墙，为空间增添了稳重感和深沉感，顶面的两排射灯突出了点射照明的艺术效果。

3 **欧式风格**的卧室空间。家具的形式、陈设、色彩的搭配、装饰等都体现了一定的欧式风格特征。

4 **非常个性**的黑白空间。黑色地面配以白色纯羊毛地毯，黑白碎花的床身搭配白色的床罩和被褥，黑白小碎花的窗帘和白色的横条木板墙面，点缀以小巧别致的灯具，使整个空间清淡素雅、精巧趣味、黑白两极分明。

1 弧形家具和床头背板延续到顶部的圆形造型是空间的主要特色之一，它让空间柔美圆滑，体现了对现代时尚的追求。干枝藤植配以鹅卵碎石为空间增添了自然的元素，使空间轻松、自然。

2 深红色的家具、木面装饰墙与褐色的地毯、白色的床罩等色彩的搭配，使空间非常协调、统一和大气。

3 用软织、布艺可以营造出卧室空间特有的柔性美，织物和布艺具有其他材料不可替代的特性，可以软化空间，增加温柔和体贴感，使空间柔和、亲切、舒适，让人有惬意、放松和被关怀的心理感受。

4 现代简约、时尚的卧室空间形式，主要依靠简洁、时尚、别致的家具和现代简约风格的陈设来装扮空间，在基础装饰上一切从简，以便突出现代主题。

5 **粉色墙面**和床上的布艺、织物,让空间有青春、活力和浪漫的感受,粉色通过柔和、宁静的方式激发人们的兴趣和快感,使空间充满青春的梦幻感。

1 柔和暖色调的卧室空间。阳台的采光顶增强了采光效果,使空间有阳光房的感觉,墙面的壁纸有很好的肌理感和视觉效果,暗藏其中的卷纹草图案有着内容的隐含和表现,浅褐色的整体色调使空间具有理性和知性并富有稳重的安逸感。

2 浅绿的主色调墙面,使空间非常醒目并富有青春和活力,它和顶面的木本色原木板搭配有倾向淳朴自然之感。上下隔层对空间进行了垂直划分,充分有效地利用了空间,上层用作储存物品,而下层则巧妙地设置成工作、学习和办公的环境,使整个空间充满了青春活力和朴实自然的氛围。

3 墙面的灰色碎花图案壁纸,为空间情调和风格的营造增色不少。灰色系列的调性让空间富有理智、冷静和稳重感,其中的图案纹样又能给人以内容的充实和文化的表达。宽大的石材台

面飘窗又是空间中的绝对优势和亮点,开启窗帘便将自然引入居室,将空间融入了自然环境当中。地毯、床上的织物和布艺使空间柔美、体贴和舒适,为人们提供了一个自然、大方、宁静、舒适的卧榻空间。

4 用透明玻璃来分隔空间可以起到实质性分隔但视线透明的特殊效果,这样分隔的空间不具备私密性但具有开放性,是一种具有青春活力并深受青年朋友所喜爱的,简约、时尚、个性的空间风格。

1 具有后现代

国际主义风格特点的卧室空间形式，讲究开敞、内外通透。室内的墙、顶、地以及家具、陈设、装饰等追求造型简洁、质地纯洁、工艺精细等特点，尽量不采用装饰，并取消多余的东西，强调形式服务于功能，建筑及室内构件尽可能使用标准部件，门窗尺寸根据模数系统设计，使空间体现单纯、质朴和科技含量。

②**新古典主义**风格特征的空间形式。在色彩配置上讲究以沉稳大气的深色调为主，搭配金、银色，追求和营造一种富丽、华贵的环境氛围。

③**床头墙面**的肌理效果非常有质感，和其他材质形成鲜明的对比效果，使空间有朴实、自然之感，橙黄色的木地板使空间显得随和、恭敬、优雅和成熟。

④**金色的床头**背景和家具、灯具、镜框画等都突出了欧式新古典特征。装饰上强调做工精湛、细腻，色彩稳重，材质以朴素为主，处理手法力求简洁，将繁杂的装饰凝练得更为含蓄精雅，将古典主义美注入简洁实用的现代设计中。

1 横纹木饰面与背漆玻璃组合成的床头背景墙在材质和颜色上形成强烈的视觉对比效果，构成了以床为主的视觉中心。而地毯及其色彩的表现，又为空间增添了柔软温和的柔性感以及沉稳、理性、随和的心理感受，使整体空间显得成熟、大气而又富有变化。

2 墙面的马赛克效果非常有视觉冲击力和现代时尚的构成感，搭配传统的木地板使空间稳重而大方，花色的床罩、布艺和黑白横幅水墨画使空间充满意境。

3 地毯具有保温、隔热、吸声、柔软舒适和高贵华丽的特点，因其符合卧室空间的性质和特点，所以是卧室空间常用的地面材料之一，它可以使空间具有柔软、亲和、高档之感，更使空间富有一种品质和档次的象征。

4 具有欧洲哥特式风格特征的空间形式。拱形的顶棚造型和门头，有至高无上的风格寓意和气质，意在营造华丽、富贵的装饰效果，满足人们在精神文化上的需求。

1 **深色玫瑰红**墙面、黑色地面和色彩浓重的家具、陈设搭配在一起，使空间富有神秘感。

2 **大面积**的深色木面墙使空间显得很厚重，浅米色的床和床头背景以及木地板地面，在深色的衬托下特别明亮，产生和谐对比的视觉效果。

3 **古典欧式**家具和陈设用品，在深色墙面和地面的衬托下格外清晰明了，充分表达了家具和陈设等用品的风格特征，使空间具有展示性的倾向。

4 **现代中式**风格特征的卧室空间，在白色的空间基础上用传统的木色装饰、床头吊灯、瓷瓶陈设和色彩搭配等手法来表现空间的中式情节。

1 **白色主义**装饰风格。白色的基础色调可以很好地表现和突出陈设物品，具有相当的展示性，白色又给人以清新、纯洁、宁静的心理感受，可以起到净化和调节人们心理的作用。

2 **红白相间**的主色调个性空间。弧形的地台空间增加了空间的层次，圆形床和高背红沙发体现着时尚和个性，异型的空间形式表现出活泼、动感和青春的气息。

3 **黄色调**的卧室空间效果。黄白相间的色条床头背景墙给人以活泼、轻快的感觉，白色的家具、灯饰、窗帘布艺等让空间洁白如玉、柔软飘逸，黄色又体现着典雅、华丽的心理感受，而墙上的方块画和绿色植物陈设等增加了无限生机，起着点缀空间的作用。

3 简洁现代的家具形式和简约的空间风格体现着时尚、活力、青春的个性，墙面的图案壁纸和地面的块形地毯上下呼应，体现了一种内在的图形语言和材质语言。而浅色的整体色调使空间非常和谐与融洽。

书房 是为主人提供阅读、书写、学习和工作的空间，需要营造安静、舒适并能激发或活跃人们思维的空间环境。书房的设计要符合主人的使用要求和习惯，并能体现主人的文化爱好等特点。书房的设置应注意避免外来的干扰和影响，自然采光要好，地面宜采用吸声较好的地毯，灯光采用局部照明为主的方式，如台灯、落地灯等。书房应具有一定个性特色，具有能使人迸发出灵感和创作的陈设品、艺术品等，如精致的工艺品、艺术感染力强的绘画作品等。

书房空间 要具有某种特色或个性，要能激发和引导人们学习和阅读的兴趣或情趣，不至于使人乏味和疲惫。图中的空间形式就别具特色，人字形的结构使空间有向上争高的寓意，能提振人的情绪，整面墙的书架既富有装饰性又有很强的文化感染力，使人有阅读和学习的欲望，深色的地面和木梁使空间沉稳、理性和安定，精美的陈设和艳丽的花瓶等点缀，有助于激发人的思考和想像力。

2 墙面的条形装饰处理和色彩搭配富有知性和文化性，深色沉稳的家具和桌面台灯的光源形式以及地面地毯和开敞的采光环境都迎合了书房空间的性质要求，并体现出空间的稳重与大气。

3 体现着中式风情的书房空间。顶面的冰花木格图案、厚重传统的中式家具与柔软飘逸的墙面布饰和藤质的坐椅、窗帘等，使人们在轻松、休闲中领略中式传统文化的魅力。

4 墙面的整体书架在背景光的烘托下很有装饰性，是集书架、陈设和展示于一体的多功能装饰性书架，有很强的感染力，再搭配上必要的书桌、椅子等家具和配饰就可以营造出富有一定装饰效果的书房空间。

5 用地台的形式划分出的书房空间。用一面墙来做书架和写字空间，再用剩余的空间做休闲和阅读的空间。

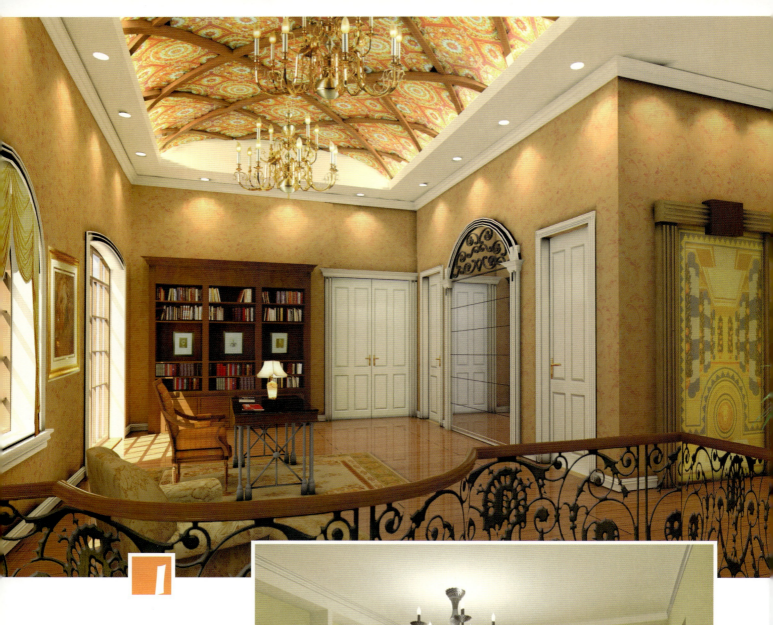

1 ▎**欧式传统**风格的空间形式。橙红色调和顶面的造型装饰，让空间显得华丽、富贵，而书房的设置使空间有了文化的氛围和书卷气息。

2 **在形式上**，拱形的门、窗口洞和家具、陈设等都将空间定性为有欧式传统风格特征的书房，在色调上，米色搭配以白色的书柜、欧式的家具等给人以温馨华丽的心理感受。

3 灰色调的空间 搭配浅米色的地面和书架，再点缀以艳丽的醒目色块，使空间富有理性而开朗。

4 重点强调 空间、家具、陈设的装饰性，镏金描银的家具与陈设等，突出和体现了空间的荣华与品质，营造了具有一个贵族情调和气势的书房空间。

5 理性与时尚 的简约空间。家具的新颖与别致、简洁与时尚，在深蓝色调的衬托下理性而活跃，使人能迸发出超前而浪漫的创新思维。

1 形式传统对称的书房空间。通常书架分别设置在一面墙的两侧,中间留有端景台和饰品挂饰区,三者共同构成一个完整的书柜或书架陈设墙,同时形成空间的视觉中心。在深木色调的基础上搭配以西式的家具、陈设和艺术品,使其形成了倾向于西式风格特征的书房空间。

2 斜屋顶的空间形式是原建筑空间结构的体现,借助其本身的特点并发挥成具有室内装饰意义上的形式加以利用。通常这类结构的空间通过得当处理就能营造一个有着特殊效果的空间环境。

3 整面墙的书架在白色调下显得非常醒目和有重量感,使空间看上去整洁和大气,琳琅满目的书脊和工艺陈设品让空间具有浓厚的文化底蕴和书香气息。

4 传统欧式复古主义风格的书房空间,崇尚纯装饰性的修饰,讲究工艺上的精细,追求风格上的雍容华贵。

▯**书房的功能**主要有两个，一是工作、书写和阅读；二是休闲和藏书。其中工作和阅读是需要满足的第一功能，应在位置、采光、环境、个性等方面优先或重点考虑，以便创造一个好的书房环境。

▯**将书房设置在**客厅空间的边角上和客厅共享，很有休闲性，也可以为客厅空间增添书卷气和文化性。

▯**具有自然、休闲**风情的空间性格。顶面的木梁结构和墙面的碎石贴面等都使空间具有自然、原始和质朴感。

4 **白色**的木地板、写字桌、书架等搭配土黄色的墙面使空间随和、淡雅,用深色点缀一下局部,让空间增加一点对比的效果,使空间具有一定的稳重感和厚重感。

❶ **斜屋顶**的空间结构本身让空间有了些情趣，而顶面的木梁造型又为空间增添了一份淳朴和自然，白色正方形木格的墙面书架显得非常规矩和整洁，具有很强的形式感和表现力，原木地板和仿古地砖既和谐统一又略有对比，使整个空间浑然一体、自然有趣。

❷ **深色**使人有稳重、理性的心理感受，而白色可给人以纯洁、宁静的心理反应，深木色和白色的对比，会使空间非常醒目，有助于集中人们的注意力和保持人们的精神状态。

❸ **红色的木地板**使空间非常有品质，搭配古典风格的现代家具使空间更有华贵之感，墙面、顶面的白色和简洁让空间单纯而大方，并充分起到了衬托和突出主题的作用。

❹ **家具和书架**的形式是这个空间中的主要特色，用现代材料和工艺技术来制作传统的中式家具，具有很强的创新精神，再搭配玻璃镜面等现代材料，使空间非常富有时代感，而墙面壁纸的色彩和纹样又起着烘托空间整体色调、氛围和文化特征的作用。

1. **简洁的空间** 形式中主要依靠家具、陈设等后期配饰来表现空间。墙面、顶面没有任何装饰，地面采用木地板，之后其空间的前期基础装饰就算完成，而中后期配置的家具、陈设、灯具、窗帘布艺等才是决定空间风格的主要因素。

2. **纯白色的空间** 再配以白色的背景灯光让空间犹如雪上加霜、晶莹剔透。陈列架上的各色陈设、工艺用品和红色沙发、有色地毯等都相互起着反衬的作用，形成了你衬我和我托你的唇齿关系，使空间清新明了、洁白如玉、醒目提神。

3. **整体书架** 的形式简洁、大方，具有强烈的构成感，再配以简洁的家具、陈设、别致的灯具和窗帘布艺等共同构成了现代、简约风格的书房空间。

4. **和建筑结构相结合** 的空间形式。通常解决空间中建筑结构问题的方法有三种，一是弱化，二是强调，三是隐藏，图中则强调了梁的结构形式而又借用原木板条贴面的形式弱化了原建筑斜顶屋面的结构，经过巧妙的装饰处理后再通过书架或书柜等家具装饰与其相结合，最后共同构成一个完整的、有个性特色的空间形式。

1 简洁和简单的写字工作空间。一个功能空间并不在它的大小，只要能满足正常的功能使用需要，就可以算是一个单独的、完整的功能空间形式。一张简洁的工作台和一个简单方便的挂墙式搁板书架就构成了一个简洁的工作空间。

2 深蓝色的整面墙和整面落地玻璃墙是空间的最大亮点，它既满足了书房空间对环境和采光的要求，同时宽大的落地玻璃窗又把室外的景色引入室内，室内空间引向室外，使人有身在室内却有置身室外自然之中的感受。室内空间中的黑色书柜和黑色木地板以及黑色台面金属腿的写字桌等都体现着现代、时尚的个性特色。

3 有办公特色的书房空间。写字桌和书柜陈列架将空间一分为二，一边用来做休息区，一边用来做会客接待区，使空间具有宽松的环境和完备的功能。

3

4 欧式新古典风格的空间形式。崇尚装饰但弃繁求简,将装饰提炼得更为含蓄精雅,讲究工艺精细、色彩稳重,将古典主义美融入简洁实用的现代设计中来,使空间具有贵族般的雍容和优雅。

4

1 白色的家具和书桌连为一体，在深蓝色的墙面衬托下，特别纯洁、朴实和大气，色彩缤纷的工艺陈设饰品和书脊等被衬托得非常醒目并融入空间的装饰中，成为装饰元素，共同构成了完整的书房空间。

2 具有日式风格的空间形式。地台式的凸起空间和质朴自然的原木板材质、家具、陈设、工艺品以及墙上的水墨草书和民族风情，都给人以浓厚的文化气息和民族特色。

③

③ **现代形式**感强的书房空间。通过地面凸起和材质变换的形式将空间进行了划分，顶天立地的黑色金属玻璃折叠门、规整的方形书架，使空间开敞、大气、简约并富有现代感，现代中式风格倾向的写字桌和中式椅为空间增添了中式情调，入口边角设置的植物盆栽造型增加了空间的形式感和构成感，非常富有装饰性和标志性。

④ **浅蓝色的墙面**和木本色的地面再加上简约轻巧的原木色书桌和家具等，共同构成了冷暖相间的空间色调，使空间明快、清新，再搭配以风趣、精巧的灯具、工艺陈设品等使空间更富有时尚、个性和情趣。

1

整面墙的书柜在端头的转折处与写字桌有机地联系成一个整体，很有形式感，同时也是空间的主要装饰表现内容，具有很强的装饰性。书柜和木地板构成的黄色主体色调使空间含蓄、雅致。

2

木色的书架显得和气、平等、有厚重感，衬底的白色背漆玻璃在灯光的照射下相互映射，丰富了书架和空间的层次感，而侧面墙的镜面却起到了扩大书架和空间的视觉感的作用，使整个空间从材质、色彩到形式上都充斥着现代、时尚的气息。

3 具有浓郁文化特色的书房空间。深色的书柜、家具在白色基调的空间中显得厚重,写字桌和写字椅的形式感显示西式家具文化的特征,而边角空间上的两个金色丝织坐垫的宫廷陈设椅又是传统中式形式,这样的搭配形成了具有中西文化交融、合璧的空间情调。

4 具有西方文化的空间形式。西式家居文化中的一个特征就是空间的形式和环境的营造非常生活化,多喜欢借用色彩的搭配来表现空间形式。崇尚装饰性的表达,追求家具、陈设、灯饰、布艺等搭配和展示,讲究生活的舒适性、品质与情调。

1 墙面的灯槽 搁板架是空间中的一大亮点，背景灯光所营造的视觉效果具有非常强烈的氛围烘托作用，驼色的地毯和深色西式的写字桌、高背椅以及工艺陈设品、灯具等的色彩搭配非常和谐统一，写字桌背后的宽台面玻璃窗使空间具有非常开阔的通透性，使整个空间在温暖的灯光环境下显得特别优雅、温暖、和谐与自然。

2 写字桌和窗台 结合在一起，富有创意。写字桌在形式上有残缺感，但与宽幅的窗台台面拼搭在一起后却又有一种结构的融合感，并营造出一种巧妙结合的美感，不仅借用了窗台的高度形成了写字桌，又使窗台向外延伸，成为窗台的一部分，使两者有机地融为一个整体，共同构成了一个富有特异视觉美感效果的写字桌形式。

3 镜面的反射有扩大空间视觉效果的作用,是空间中常用的材料,在缺少装饰内容或形式单调的空间中,可借用镜面的反射作用增强空间的形式感和扩大空间的视觉效果,丰富并增加空间的层次感,如果镜面上赋予装饰性的图案、纹样就会更富有装饰性和深层次的文化内涵,提升空间的表现力和感染力。

儿童房的空间设计要灵活，以便随着儿童年龄的增长作调整，因此儿童房的家具、陈设、布置、装饰等都应以活动为主。其空间应具备活泼、开朗、积极向上的性格，家具、陈设、布置、装饰等要有趣味性，能适应儿童的年龄特点。儿童房的设施设备一定要安全，特别是电源开关、插座、灯具等要采用可靠的安全措施；装饰材质要环保；家具设施应采取无锐角等安全处理措施；灯光色彩要明亮、轻松和愉快等。

色彩是儿童房的重点考虑因素之一，色彩斑斓的空间可以丰富和活跃儿童的活动环境，对培养儿童的乐观、进取、奋发、向上的心理和坦诚、纯洁、活泼、开朗的性格有着促进和引导的作用。

2 儿童房的色彩也要根据儿童的年龄段来选配，只有符合其年龄的色彩才会适合儿童的成长需要，但色彩不宜过多，三至四种色彩较为适宜。

3 色彩的纯度、明度和对比度通常随儿童年龄的增长而减弱，一般年龄小的儿童接受单纯鲜明的色彩，年龄稍大后开始能够接受更加细化的色彩形态。

1 蓝色的背景使空间畅想、开阔和自由，多姿多彩的各式玩具体现了儿童的天性和喜好，总之在设计儿童房时要注意保证空间的采光充足、材料柔软环保、色彩明亮艳丽，家具用品应多样性和多功能性，安全问题要放在第一位，留有儿童成长和思维开发的空间和余地等等。

2 通常意义上讲的儿童房不只是幼年的儿童，也包括少年儿童和未成年人的广泛意义上的儿童。图中白色的家具和写字桌与阳台结合在一起，并且采用圆角和弧形的装饰处理，符合了安全的考虑，本色的木地板和色彩鲜艳的床上布艺、转椅使空间雅致、亮丽和纯洁。

3 在儿童家具、色彩选择、布置和搭配上要充分考虑其特点，适应其喜好。家具用品等要避免锐角，更要做好安全防护措施，如：电源插座要保护、桌面锐角要配备塑料圆形保护罩等；同时家具尺度的大小高低要能调节，以满足儿童成长的需要；色彩搭配要能适应其所好并且要有益儿童智力、想像力的诱导和启发。

4 儿童房的色彩要明亮和欢快，不妨多点对比色，其色调可以根据自己的喜好来选择。黄色优雅、稚嫩；粉色可爱、素净，富有青春的幻想，是女孩青睐和钟情的色彩；绿色健康、活泼；蓝色安静、博大、神秘；红色热闹、躁动等等。

5 儿童房通常兼有学习、游戏、休息、储物的功能，是儿童生活和活动的主要场所，对空间的照明质量要求高，同时光照要柔和，让空间产生温暖、亲切感。儿童房的照明应采用主、辅光源结合的方式，同时选用有童趣的个性化照明灯具，并且要保证电线无外漏，开关、插座安装合理、安全或被保护，防止安全隐患。

▎**儿童房中**重要的一点就是要有**童趣**，色彩要鲜活、明快和活泼，形式要卡通、可爱并具有游戏性，使空间具备激发儿童智力和潜力并向着健康、快乐、青春的心态发展的作用，使其永远能保持着对事物的新鲜感和认知感。图中黄白相间的墙面效果，非常自然、松弛，床的款式小巧可爱，色彩亮丽，都让空间显得趣味性十足。

2 艳丽的橙黄色,让空间绚丽并富有活力,简洁趣味的墙角写字桌搭配时尚、现代的装饰画富有卡通童趣的陈设、挂饰工艺品,使空间完全满足了一个儿童的需要,而右图原木材质的儿童床和床头写字桌,使空间具有儿童原始自然的天真。

3 淡蓝的主色调让空间幽静,浅色的紫罗兰窗帘使空间有些浪漫,黄蓝相间的床上布艺和橙红色的床头激发儿童理性的思考与活跃的联想。

4 白色的墙面和玩具柜,把空间中的色彩表现得淋漓尽致,同时这些玩具的形态和色彩又反过来起着装扮空间的作用,为儿童创造了一个玩耍的天堂。

1️⃣ **顶棚**的圆形灯池和球形的鸟巢吊灯，构成了立体灯光照明效果，而柔和的蓝色灯光把白色调空间中的顶棚渲染成了蓝天白云的效果，使人感觉非常轻松和通透。

2️⃣ **斜屋顶结构**本身具有一定的情趣性，搭配以红色的墙面装饰和床上织物布艺用品，使空间在具有结构性趣味的同时，又增添了一份红色的激情和力量。

3️⃣ **黄色给人以**幽雅华丽之感，浅绿色床垫搭配黄色布幅给人以稚嫩幼小感，橙色布椅、红色圆形块毯、蓝色卷式窗帘和墙面上的装饰彩画，丰富了空间的色彩感。

家装材料选购常识

铝扣板

铝扣板： 是一种铝合金材质，其含金量不同会造成力学性能的不同。铝板材质具有防火、防潮、防腐、抗静电、吸声、隔声、美观等优点，同时具有耐酸、碱、盐等抗腐蚀作用，长时间使用不变色，并容易保养。

其按形状可将其分为条形、方形、栅格等。方形铝扣板有300mm×300mm、600mm×600mm和有孔与无孔等几种规格和形式；栅格铝扣板的规格通常为100mm×100mm。按合金材料的成分可分为铝镁合金、铝锰合金、铝合金、普通铝合金等。铝镁合金含有锰，其抗氧化能力较好，具有一定的强度和钢度，是做吊顶的理想材料；铝锰合金强度和钢度优于铝镁合金但抗氧化能力低于铝镁合金；铝合金的锰、镁含量较少，其强度、钢度和抗氧化能力均低于铝镁合金和铝锰合金；普通铝合金的力学性能不太稳定，产品表面不平整并容易变形和氧化。

铝扣板的选购方法和注意事项： 选购铝扣板时要注意不锈钢仿冒产品，区别其方法可用磁铁来验证，真铝材是不吸磁的，但也有通过消磁的方法来达到以假乱真的，因此在选购时要特别注意。查看铝扣板材的厚度，通常300mm×300mm的板材厚度应能达到0.6mm、600mm×600mm板材厚度应能达到0.8mm，有些次等质量的铝扣板材通过加厚烤漆层来达到合格的厚度标准来以次充好；注意选择腹膜铝扣板材，选择时注意腹膜的光泽和厚度，其用于厨房和卫生间等较容易清洁而且不易变色等；检查铝扣板材的内侧保护漆膜的质量，因为金属的生锈往往是从漆膜的薄弱处开始然后慢慢渗透到其他部位；铝扣板材的喷漆处理和烤漆处理在质量效果上也有差别，烤漆铝扣板材漆膜的附着力更强些，选择时注意在通常的情况下喷漆的铝扣板材正反两面的颜色是一致的，而烤漆铝扣板材内外则是略有区别的。

PVC扣板

PVC扣板： 是以聚氯乙烯为原料经过挤压成型的，具有重量轻、成本低、保温防潮、耐污染、防火等特点，但与金属板材相比其寿命相对较短、容易老化。

PVC扣板的选购方法和注意事项： 选购PVC扣板时要注意选择有质量保证和检测合格证书的产品；闻闻板材，检查是否环保，有无明显的刺激性异味；观看产品的外观质量是否平整光滑、无裂痕、能拆装自如、表面是否光泽无划痕、企口凹槽平整等；看韧性，用手折弯扣板应能不变形并富有弹性，用手敲击其表面声音要清脆，遇有压力不会下陷和变形等；用火点燃检查板材的阻燃性，不燃烧的说明其阻燃性较好。

乳胶漆

乳胶漆： 乳胶漆是乳胶涂料的俗称，是一种水溶性材料，有内墙和外墙之分。内墙乳胶漆的成膜物不溶于水、涂膜的耐水性高，湿擦洗后不易留痕迹，而外墙乳胶漆的涂膜较硬、耐水性更强。乳胶漆根据其表面的质感效果可分为哑光和

卧室·书房·儿童房

亮光等类型，其颜色丰富多样。

乳胶漆的选购方法和注意事项：查看包装说明和环保检测报告，可靠的乳胶漆包装精美、名称、商标、成分、净含量、使用方法和保值时间等各种信息明确而齐全，同时具有技术监督部门和环保部门的认证证书和检测报告等，国家标准规定了VOC每升不能大于200g，游离甲醛每千克不能大于0.1g；查看其外观质量，好的乳胶漆在放置一段时间后表面会形成一层厚厚的而且有弹性的氧化膜并且不易开裂，而次等乳胶漆会形成一层很薄的膜且易碎和有异味；嗅其气味，优质环保、好的乳胶漆是水性无毒、无味的或有酸香味和淡淡的香味，而劣质的则有刺激性气味或工业香精味等；查看核实包装上的重量是否合格，通常5L装的为7kg左右，18L装的为25kg左右，另一种方法是晃动漆桶，如果很容易晃动出现声音则说明其重量不足或黏度不够，好的通常因其分量充足和材质黏稠一般没有声音；看手感，优质的乳胶漆比较黏稠，呈现为均匀的乳白色的液体，用手指触摸时好的乳胶漆手感光滑、细腻、无颗粒，在手指上涂开后几分钟之内干燥结膜，而劣质乳胶漆常搅拌不均匀、手感不均匀或有明显的颗粒物或杂质等；做擦洗实验，好的乳胶漆耐擦洗性很强，擦洗一二百次对涂层外观不会产生明显的影响，而低档次乳胶漆擦洗几十次就会出现掉粉、露底和褪色等现象；在乳胶漆的选购时不要只看每组或每桶的单价，要注意查看用量、用法说明和计算用量与平方方面积比，因为乳胶漆是由固体成分和挥发物体成分组成，固体成分高的可达到60%~80%而低的则不到10%~20%，因此单价低廉的会增加用量，从而细算下来并不一定便宜甚至会更浪费，而且质量效果差，同时由于遮盖力和细度决定了乳胶漆的涂刷效果，遮盖力越强其细度越小，涂刷后墙面的细腻程度就会越高等。

壁　纸

壁纸：是一种具有装饰效果强烈、应用范围广泛、使用安全等优点的饰面装饰材料，其具有吸声、隔热、防霉、防菌、抗老化以及色彩花色丰富等特点。

壁纸的种类：1.全纸壁纸即普通壁纸，其纸面和纸基价格相对便宜，不耐潮、不耐水、不能擦洗。2.塑料壁纸，是目前市场上最多的一种壁纸形式，所用塑料大多数为聚氯乙烯，简称PVC塑料壁纸。其又可分为：①普通壁纸，用80g/m²的纸做为基层，涂塑100g/m²的PVC糊状树脂，再经过印花和压花而成，其通常有平光印花、有光印花、单色印花等类型。②发泡壁纸，以100g/m²的纸作为基层，涂塑300~400g/m²掺有发泡剂的PVC糊状树脂，印花后再发泡而成，这类壁纸比普通壁纸为厚实、松软和有弹性，表面呈现出凹凸状和半浮雕的效果。3.织物壁纸，主要由丝、毛、棉、麻等纤维为原料织成壁纸，其有色泽高雅、质地柔和的特色。4.天然材料的壁纸，以草、木、树、茎等制成面层的壁纸，其具有古朴自然和返璞归真之感。5.玻纤壁纸，又称为玻璃纤维墙布，是以玻璃纤维布为基材表面涂树脂再印花而成的新型壁纸材料，其具有花样繁多、色彩艳丽、不褪色、不老化、防火防潮、可刷洗等特点。

壁纸的选购方法和注意事项：在选购壁纸时应该把壁纸放在光线充足的墙壁上并在1m的距离外观察其质量和效果，并查看壁纸产品信息，正规厂家的壁纸产品信息都有明显的标注，其主要包括有生产厂商和商标名称、国家标准代号和规格尺寸、可拭性和可洗性符号、耐光性符号、图案拼接符号、样品样、生产日期和出厂批号等；注意壁纸产品的编号和批号以避免出现色彩上的偏差；通过气味来辨别壁纸是否环保，应选择那些无明显刺激性异味的产品和信誉良好的品牌产品；在购买壁纸时要特别注意应尽量一次购买足量并留有一定的余量和损耗，以避免因产品批次的不同造成色彩上的偏差。

壁　布

壁布：壁布按材料的层次可分为单层和复合两种形式。单层壁布是由一层材料编织而成，如化纤、纯棉布、混纺布、皮革、丝绸、锦缎等。复合型壁布是由两层或以上的材料复合编织而成，分为表面材质和基层材质，其表面材料丰富多彩，基层材质主要是发泡聚乙烯，复合型壁布主要包括无纺墙布、玻璃纤维贴壁布、装饰墙布、弹性壁布等几种。

壁布的选购方法和注意事项： 查看壁布的品质，复合型壁布之间的区别主要是依靠目测的方式看基层材料不同的厚度来识别；看壁布是否出现抽丝、跳丝的现象；用火烧的方法来判别是天然材质还是合成（PVC）材质，一般情况下，天然材质燃烧时无异味和黑烟，而且燃烧后的灰尘为白灰色粉末，而合成（PVC）材质则在燃烧时有异味和黑烟，且燃烧后的灰尘为黑球状；壁布的表层通常以平织布、提花布和排列式布料为主，其中排列式布料最为普遍，通常布料的品质与每排织纹的间距有关，间距越小，密度越高，织数越多，品质越好。

实木地板

实木地板： 是纯实木木材加工而成，具有纹理自然、脚感舒适、使用安全、自然环保、美观、珍贵等特点。

实木地板的选购方法和注意事项： 首先选购适合自己的材质，如柚木、柞木、杉木、曲柳等木材的种类，不同的木材有其独特的自然纹理和特质；实木地板按其质量标准分为AA级、A级、B级等几个等级，AA级为质量最高级；选购信誉好、有品牌、售后服务有保证的企业品牌产品；查看材质是否有虫蛀和死节、色彩是否有偏差和木材是否有开裂等，同时应该对所有木地板进行仔细的检查，以避免不法商家掺杂次等产品充当优等产品来欺骗消费者；检查含水率，含水率是直接影响木地板是否变形的主要因素，含水率高的木地板容易产生变形，我国北方地区地板的含水率约为12%，南方地区也应该控制在14%之内；查看木地板表面有无气泡、麻点、漆膜是否均匀等，如果其光洁度、透明度较差的话则说明地板的油漆品质有问题；检查工艺质量标准，用两块木地板公榫与母槽对接上，然后用手上下掰动检查间隙是否过大，如果间隙过大说明其工艺不够精细；检查木地板的高低差，把几块木地板拼接起来，然后用手沿垂直拼接缝依次抚摸下去，感觉其高低之差，其高低差不应超过0.5mm，地板企口条之间贴面应规整，贴面缝隙不超过1mm等。

复合木地板

复合木地板： 是利用原木粉碎后，加入专用胶和防腐剂、添加剂后，再经高温、高压等工艺压制处理而成，它打破了原木的物理结构，克服了原木稳定性差的弱点。复合木地板其结构分为耐磨层、装饰层、基材层与防潮层。耐磨层是最表层的透明层，其原材料是红蓝宝石本体，学名三氧化二铝；装饰层即人们肉眼所看到的地板的木纹表层；基层即中间层，由天然或人造速生林木材粉碎再经纤维结构重组高温高压成型，可分为高密度板、中密度板、刨花板等；防潮层是地板背面表层，采用高分子树脂材料胶合于基材底面，起着稳定和防潮的作用；复合木地板具有强度高、易保养、易铺装、价格相对低廉等特点。

复合木地板的选购方法和注意事项： 尽量选择品牌产品，因为品牌企业的设施设备规模较大，对产品的质量以及售后服务等相对会有保证；查看其地板产品的厚度，复合木地板的国际标准厚度为8mm；看其环保指数，主要是指地板中的甲醛释放量等，在选购时要查看产品是否具有环保检测报告或检测合格证书等相关资料；通过嗅其气味检查产品是否有刺激性异味；选择优良的产品材质，好的复合木地板表面纹理应该自然、细腻、清晰而逼真，其基材应该是高密度纤维板，板背面的平衡层应该平整、光滑而无明显色差等；检查凹凸槽的咬合紧密程度，其咬合的紧密程度决定了复合木地板的耐磨性和使用寿命；目测产品的表面质量，如表面光泽度是否均匀、花纹是否匀称、有无斑点和污点等以及接口是否整齐无损坏、无裂纹等；检查产品的耐水性，好的复合木地板密度为$0.94g/cm^3$，吸水厚度的膨胀率为1.3%；检查产品的耐磨性，耐磨性是复合木地板强度的重要指标，一般家用复合木地板的耐磨转数达到6000r/min以上就可以了；检查产品的耐污性和耐火性，将酱油、醋、油等倒在地板上然后进行擦拭和将烟头放在地板上自燃1min后不留痕迹的为耐污性和耐火性高的产品；注意复合木地板安装铺设的重要性，尽量由专业的地板厂商提供专业的安装服务。

实木复合木地板

实木复合木地板：又称多层实木地板，具有复合木地板的稳定性和实木地板的美观与脚感并且具有环保的优势。实木复合木地板通体为实木，由多层实木薄板按木纹的横、纵方向拼接在一起，表面贴以木纹表皮后经过特殊工艺压制而成，是一种优质健康的木地板。多层实木地板相邻的两层相互交叉和垂直叠加，使其具有很好的稳定性，克服了天然木材容易变形、起拱、弯曲的顽症，这种地板具有了实木地板的自然纹理、质感与弹性，同时又具有了复合木地板的抗变形、易清理、耐磨等特点。实木复合木地板还具有安装简单、方便的优点，同时因其具有很强的抗变形能力还可以作为地热地板来使用。

实木复合木地板的选购方法和注意事项：看截面的多层结构，高质量的三层实木复合木地板基本可以做到无变形；看材质和产地，表面硬木层的树种和树龄是实木复合木地板的质量关键所在；看品牌与企业规模，这是产品质量和服务的重要保证；选择地热地板时注意宜薄不宜厚、宜窄不宜宽等。

竹地板

竹地板：是由适龄竹木加工而成，具有格调清新高雅、自然朴实之感。竹地板具有如下特点：硬度高、稳定性强、色差小、质感好、冬暖夏凉、弹性好、防潮防霉、适合地热地板、环保等特点。

竹地板的选购方法和注意事项：查看地板的色泽，质量好的竹地板色泽应能基本一致并且纹理清晰，本色竹地板色泽呈金黄色且通体透亮，碳化竹地板是古铜色或褐色，其颜色均匀有光泽；竹地板的漆膜要丰满、光洁、均匀、无漏漆、无鼓泡、无龟裂且光度不能过高，漆膜的耐磨度、附着力、硬度是竹地板油漆的三大质量要素，尤以附着力最为重要，好的竹地板是进口高档淋漆，经紫外线照射固化光照成型，具有防静电、不吸尘、耐高温、耐磨等优点，通常情况下淋涂面漆的质量相对于辊涂面漆较好；检查内在质量，看地板内部结构和两端截面是否对称和平衡，层与层之间胶合是否紧密，用两手来掰检验其是否出现分层现象，掂其分量看其轻重，如其重量太轻则说明其材质是嫩竹，若其纹理模糊则说明其质材不新鲜，可能是陈旧的竹材等；看其工艺精度和含水率，产品工艺要规整和精确，含水率小于有关规定和标准；好的竹材年龄约为4～6年，太小竹质较嫩、太老竹皮过厚和容易发脆等；竹地板的选用不宜规格过大，这样可以增强其稳定性。

大理石

大理石：由方解石、石灰石、蛇纹石和白云石等组成，其主要成分是以碳酸钙为主，含量约占50%以上。天然大理石经过人为加工后成型用于装饰材料被广泛使用。大理石可分为天然和人造两种，人造大理石比天然大理石的重量要轻，强度高、板薄、耐腐蚀、抗污染，但在色泽和纹理上不及天然大理石自然。

大理石的选购方法和注意事项：观察其石材的表面花色、纹理和结构，通常其表面质量应该具备光洁度高、石质细密、色泽自然和美观、棱角整齐、平整、无裂纹、砂眼和缺损等；另外要注意天然石材的自然裂纹，其最容易沿这些部位发生破裂，因此要尽量避开这些自然裂缝处；同时还要注意色差的现象，特别在大面积使用石材时，应尽量同批次一次性采购精确的石材用量，避免不同批次的石材出现色差现象等；敲击石材听其声音，一般情况质量较好，内部致密均匀且无显微裂缝的石材其声音会清脆悦耳，声闷而粗哑说明石材的质地疏松或有显微裂隙；通过滴墨水来检验石材的优和劣，即在石材的背面滴一滴墨水，如果很快分散浸出则表明石材内部质地疏松或有显微裂隙，反之则表明石材质地坚硬和细密属于优质产品；区分人造石和天然大理石，采用稀盐酸滴于石材板面上，天然大理石会出现剧烈起泡而人造石则起泡较弱或无起泡。

花岗石

花岗石：是一种硬度和强度很高的石材品种，属于火山岩又俗称麻石，主要成分是二氧化硅形成的石晶体、长石、云母和混合钠、钾、铝、镁等不同成分的氧化物，其多数品种的表相呈明显的晶体结构，因此花岗石的结构致密、质地坚硬、吸水率低。但花岗石属于酸性岩，亲水性好，水分子可以通过晶隙的毛细孔渗透，容易发生病变、出现麻点。花岗石质地坚硬、耐酸碱、耐腐蚀、耐高温和日晒，具有很高的耐久性。

花岗石的选购方法和注意事项： 花岗石的选购方法基本可以参照大理石的选购方法和注意事项。

瓷 砖

瓷砖： 瓷砖按其用途和部位来分可分为地砖、墙砖和花砖、腰线砖等；按其制作工艺可分为釉面砖、通体砖、抛光砖、玻化砖、陶瓷锦砖等。

1.釉面砖： 是指表面烧有釉层的瓷砖，釉面砖的釉面光滑具有不吸污、耐腐蚀、易清洗等特点，多用于厨房和卫生间，釉面砖的吸水率较高所以不宜用于室外。根据光泽度的不同釉面砖可以分为亮光釉面和哑光釉面两种；根据原材料的不同又分为两类，一是用陶土烧制的，另一种是用瓷土烧制的：陶制釉面砖吸水率较高，相对强度较低，其重要特征是背面颜色为红色；瓷制釉面砖吸水率较低，其重要特征是背面颜色为灰白色，但需要注意以上的强度和吸水率都是相对的。其规格有正方形和长方形两种。

2.通体砖： 是一种不上釉的瓷质砖，有很好的防滑性和耐磨性，正面和反面的材质和色泽一致，通常所说的"防滑地砖"大部分都是通体砖。通体砖硬度高、经久耐用且重量比较轻，作为耐磨砖主要被广泛应用于厅堂、走道等地面，较少用于墙面上，其规格多为正方形。

3.抛光砖： 是通体砖经过抛光后即形成的瓷砖，其正面和反面的色泽一致，不上釉料，烧好后表面再经过抛光处理，形成光滑的表面而背面是砖的本来面目，是属于通体砖的一种，其硬度高并非常耐磨，在运用渗花技术的基础上抛光砖可以具有仿石、仿木等仿真的效果。抛光砖的最大优点是通体材质相同，硬伤不变色，但其缺点是易脏、不防滑、容易渗入颜色液体等。

4.玻化砖： 是一种强化的抛光砖，其工艺要求更高，是一种高温烧制的瓷质砖，比抛光砖更硬和更耐磨，是所有釉面砖中最硬的一种。玻化砖主要作为地砖使用，常用规格多为正方形，多用于客厅、餐厅等地面，其优点是硬度高、光泽度好、无色差、辐射小，缺点是耐污性差、不易保养等。

5.仿古砖： 是从彩釉砖演化而来，也属于釉面砖。仿古砖具有较强的装饰性，其样式、色彩、图案、质感具有一定的观赏性，仿古砖的款式可分为单色砖和花色砖两种，单色主要用于大面积使用，花色主要用于点缀使用。

6.陶瓷锦砖： 又称马赛克，采用优质黏土烧制后喷釉制成正方形或长方形等小块陶瓷砖，再通过铺贴盒将其按设计图案反贴在背胶纸或背胶网片上，其规格多、薄而小、质地坚硬、吸水率较小、耐磨、耐火、色彩多样、耐酸碱、不褪色。

陶瓷锦砖按质感可分为光面和哑面两种形式，哑面砖具有防滑功能，适合于卫生间地面等，光面适合墙面等；按砖联可分为单色和拼花两种；按材质和工艺可分为陶瓷马赛克、大理石马赛克和玻璃马赛克等。陶瓷马赛克是最传统的一种；大理石马赛克的花色和纹理多样装饰性很强；玻璃马赛克由天然矿物质和玻璃制成，质量轻、耐酸碱、色彩亮丽。

瓷砖的选购方法和注意事项： 检查外观质量，看其表面是否平整完好，釉面是否均匀、光亮、无气泡、无污点、无麻面和无色斑等；色彩鲜明均匀有光泽；边缘边角规整无缺陷；图案细腻无漏色、无错位、无断线或深浅不一等现象；查看内在的质量，看其截断面是否细密、硬脆、色泽一致，通过在瓷砖背面滴水实验查看其吸水率的高低，滴水后扩散慢则表明吸水率低，反之则表明吸水率高；听声音，判断其质量的好坏，用硬物敲击瓷砖，如其声音清脆、响亮、浑厚且回音绵长则表明瓷砖质量较好、瓷化程度较高和耐磨性强等，若声音异常和混哑则说明瓷化程度较低，砖内有重皮或裂纹现象，耐磨性差、抗折强度低、吸水率高等；查看产品包装和说明资料，了解产品的等级、规格、型号、色号等以及相关技术检测报告和证书等；选择釉面砖要注意选择有Ⅲ形标志的釉面砖，因为釉面砖含有氡、铀、镭等放射性物质，具有Ⅲ形标志的釉面砖基本可以达到国家对其含量控制的标准；玻化砖表面应光泽和亮丽、无色差、色斑、砂眼等现象，对重量相同的玻化砖比较薄的应该质量为好。

地 毯

地毯：具有较好的吸声能力，毛纤维热传导性低，有利于调节室内的干湿度，脚感舒适而富有弹性。地毯的种类按照工艺可分为簇绒地毯、机织地毯、针刺地毯、手工地毯等几种，按照材质可分为纯毛地毯、真丝地毯、混纺地毯、化纤地毯、塑料地毯和草编地毯等。1. 纯毛地毯质地优良、色彩艳丽，分手工和机织两种；纯毛地毯属于高档产品，其价格昂贵和不耐磨，但具有高档的品质和舒适感。2. 真丝地毯是手工编织地毯中最高贵的品种，真丝不易上色，在色彩上逊色于纯毛地毯。3. 混纺地毯的品种很多，常以纯毛纤维和各种合成纤维混纺，除在图案、花色、质地和手感等方面与纯毛地毯基本相同外，在价格、耐磨度、防虫、防霉、防腐等方面都优于纯毛地毯。4. 化纤地毯也称合成纤维地毯，其品种很多，如长毛多元醇酯地毯、防污的聚丙烯地毯等，化纤地毯是以尼龙纤维（锦纶）、聚丙烯纤维（丙纶）、聚丙烯腈纤维（腈纶）、聚酯纤维（涤纶）等化学纤维为原料，经过机织法、簇绒法等加工成面层织物，再与布底层加工制成地毯，其外表和触感很像羊毛，耐磨而富有弹性，化纤地毯色彩鲜艳、价格低于纯毛地毯。5. 塑料地毯是采用聚氯乙烯树脂、增塑剂等多种辅助材料，经过均匀的混炼塑制而成的一种轻质地毯材料，可替代纯毛和化纤地毯，具有质地柔软、色彩鲜艳、舒适耐用、阻燃、可用水洗刷等特点。6. 草编地毯是用草、麻或植物纤维加工而成的一种具有自然风格的地毯形式。

地毯的选购方法和注意事项：无论何种质地的地毯，其外观质量都应该达到毯面无破损、无污染、无褶皱、无色差、无条痕、毯边无弯折等，化纤地毯还要查看其背面有无脱衬和不渗胶等；看地毯的绒头密度，地毯绒头质量高，其毯面密度就丰满，地毯的弹性就好并且耐踩踏和耐磨损；检查地毯的染色牢度，颜色是否均匀一致；查看地毯与底层网格底布的粘结牢固程度和地毯的密度，顺着地毯的编织纹路方向弯曲检查有无露底情况，无露底则密度较好。

防火板

防火板：防火板又称耐火板，是以硅质或钙质材料为主要原料，与一定比例的纤维材料、轻质骨料、胶粘剂和化学添加剂混合，经蒸压技术制成的一种装饰板材，具有色泽鲜艳、耐磨、耐划、耐高温、耐酸碱和耐污、防水、易清洁等特点，是一种饰面的板材，厚度约为1mm。

防潮板

防潮板：是在人造板的基材中加入中颗粒状的防潮粒子，再以三聚氰胺板贴面。防潮粒子分红色和绿色，而红色防潮粒子的性能最好。通常正规产品都有明显的标记，以便区别于普通板材。防潮板分为以下几种类型：1. E1级防潮板，其基材为E1级刨花板，符合欧洲环保E1级标准，加入防潮粉，双面贴进口三聚氰胺板，表面质地厚；2. 普通防潮板，其基材为普通刨花板或密度板，符合国家一级标准，无防潮粉，双面贴进口三聚氰胺板，表面质地厚；3. 低档双面板，其基材为最低档刨花板和密度板，无防潮防腐处理，双面贴国产三聚氰胺板，表面质地薄。

防潮板的选购方法和注意事项：看表面是否光滑平整，应无颗粒状物质、手感舒适，正反面要贴一样的饰面板等；看基材中的绿色粒子，应呈现出独立的颗粒状并分布均匀，周围的基材显示为木纹原色；注意嗅其板材是否有刺鼻的气味，查看有害气体释放量是否符合国家标准等。

水晶板

水晶板：是以密度板或细木工板为基材，采用特殊的涂料或油墨喷涂在透明的亚克力上，厚度约为2~3mm，等到干透后再喷上专用胶粘剂贴在板材面上,再经专业设备压合成型。这种板材光亮如镜、晶莹剔透,其色彩繁多、表面触感光滑有弹性,但其缺点是容易褪色变形,阻燃性和抗冲击性差等。

水晶板的选购方法和注意事项: 看板面是否光滑平整,应无气泡、手感舒适、边角处要圆滑等;注意嗅其板材是否有刺鼻的气味,查看有害气体释放量是否符合国家标准等。

烤漆板

烤漆板: 是以密度板为基材,经过铣型、喷漆后进入烘房加温、干燥等工艺成型的板材。其优点是色泽鲜艳、光洁度好、防潮、防火、易擦洗,缺点是工艺水平要求高、废品率高、需要精心呵护、怕磕碰等。烤漆板通常采用聚氨酯型聚酯涂料(PU漆)和不饱和聚酯涂料(PE漆),这两种都是聚酯树脂类涂料。钢琴烤漆是指采用不饱和聚酯涂料(PE漆)的烤漆,相对聚氨酯型涂料(PU漆)的烤漆具有硬度更大、丰满度更好的优点,但由于技术原因与大多数颜色不相融,目前只有黑、白、透明等少数几种颜色,因此其缺点是颜色相对较少、色泽单一、色差难控制、韧性低等。PE漆底漆加PU漆面漆的工艺具有色彩丰富、丰满度好、亮度高、色泽持久、层次感强、附着力好、耐污染硬度高等优点。

烤漆板的选购方法和注意事项: 看表面质量是否光滑平整、薄厚均匀、有光泽、涂膜丰满无裂纹、无划痕、无变色和褪色等现象;看环保是否符合国家标准;尽量用于没有污染的环境中等。

人造石

人造石: 是天然矿石粉加色母、丙烯酸树脂胶,经高温高压加工而成。这种人造石兼有天然大理石的优雅和花岗石的坚硬,同时具有陶瓷般的光泽,其主要特点是石质韧性大、质地均匀、绚丽多彩、表面无毛细孔,具有很强的耐污、耐酸、耐腐蚀、耐磨力和易清洗。人造石可塑性和可修复性强、同色同质胶体相配拼接无缝、无放射性、使用安全,是做台面较好的材料。

人造石的种类: 1.树脂板人造石,是高分子材料聚合体,通常是以不饱和树脂和氢氧化铝填充料为主材,经搅拌、线注、加温、聚合等工艺形成的"高分子实心板"。2.亚克力人造石,是以甲基丙烯酸甲酯(MMA)为主要材料。3.MMA和树脂混合人造石。4.碳酸钙人造石,以碳酸钙来取代氢氧化铝以降低成本,但也降低了产品的品质。

人造石的选购方法和注意事项: 优质的人造石表面打磨抛光后晶莹光亮、色泽纯正、有天然石材的触觉感、无毛细孔,劣质产品表面发暗、光洁度差,在视觉上有刺眼和不舒服的感觉。有毛细孔、触摸感涩;嗅味道,查看其是否环保和有刺激性气味;优质人造石具有较强的硬度,表面不易被划伤留痕,劣质的人造石质地较软、容易划伤和变形等;优质人造石的阻燃性好,劣质人造石基本不阻燃;应选择正规的厂家产品。

不锈钢

不锈钢的选购方法和注意事项: 不锈钢表面应无磕碰、划伤、砂眼和麻面等毛病,纹理要清晰、几何形状要对称和规矩;看不锈钢端面,优质不锈钢材的成分均匀,切头端面平滑而整齐,而劣质则常常会有凹凸不平的现象并且无金属光泽;质量差的不锈钢多为含铬量不足,铬是铁纯化的材料,决定着不锈钢生锈的程度,一般情况下铬的质量分数应该控制在14%～18%之间,可通过掂其重量来判断其质量的好坏,即过于轻的有假、沉重的是真等;不锈钢是不容易生锈但并不是不生锈,在遇到盐时就容易生锈,使用时应注意。

水龙头

水龙头的选购方法和注意事项: 看表面质量,水龙头的主体由黄铜、青铜或铜合金铸造而成,经磨抛成型后,再经镀铬及其他表面处理;在挑选龙头时应仔细查看,龙头表面应无氧化斑点、烧焦痕迹,应无气孔、无起泡、无漏镀和色泽均匀等；用手摸龙头应无毛刺、砂粒；用手指按一下龙头表面后指纹应很快散开且不易附着水垢；有些龙头表面采用镀钛合金、仿金镀、仿金电泳漆等方法，但其表面腐蚀往往会很快；水龙头的主要部件壳体通常为黄铜材料铸成，经清砂、车削加工、酸洗浸渗、试压、抛光和电镀等处理，有些产品用锌合金代替以降低生产的成本；黄铜纯度越高，电镀质量越好，其表面电镀层越不易腐蚀，锌合金电镀质量差、耐腐性就不好，而采用ABS材料，价格最便宜，其电镀质量差；黄铜较重、较硬，锌合金较轻、较软，塑料最轻、最软；水龙头的阀芯质量是其质量好坏的关键，其主要有陶瓷阀芯、球阀芯和橡胶阀芯等几种，陶瓷阀芯的密封性能好、物理性能稳定、寿命长；查看产品的质量保证卡和品牌标记等。

坐便器

坐便器： 按形状可分为连体和分体两种，连体式是水箱和底座为一体的形式，其价格较贵，分体式是水箱和底座分别独立形成两个部分，价格相对便宜。按其冲水方式可分为直冲式和虹吸式，虹吸式又可分为虹吸旋转式和虹吸旋涡式、虹吸喷射式等几种形式。直冲式的特点是冲水管路简单、路径短和管径粗，利用水的重力加速度来冲洗；虹吸式是一边冲水、一边通过弯曲的管道达到虹吸的作用。按其安装方式可分为落地式和挂墙式两种。

坐便器的选购方法和注意事项： 注意坐便器的排水（墙排还是地排）方式；测量好坑距，通常误差不大于10mm；检查外观质量即坐便器的釉面应光洁平滑，没有针眼、气泡、脱釉、光泽不均等现象；轻击坐便器能发出清脆悦耳、无破裂声和无裂缝、无变形等；看内部质量，用手伸进坐便器的污口触摸里面是否光滑，以查看内部釉面的好坏等；坐便器的节水性在于坐便器的排水系统和水箱配件的设计是否合理与质量的好坏，而不是在于水箱的大小，在选购产品时其节水性可以查看产品的检测报告，6L以下的冲水量可列为节水型坐便器。坐便器中最容易出现问题的是水阀，因此在选购产品时不要忽视其配件的质量和作用。

浴　缸

浴缸的种类： 按材质可分为陶瓷、人造石、亚克力、玻璃钢、铸铁搪瓷、塑料等浴缸，目前使用较多的是陶瓷、玻璃钢及搪瓷浴缸，其中铸铁搪瓷浴缸档次为最高，亚克力和钢板搪瓷浴缸次之。1.亚克力浴缸由薄片质材料制成，下面通常为玻璃纤维以真空方法处理而成，其优点是能较长时间地保持水温和易清洁、价格低、触感温暖、不生锈、不腐蚀、重量轻，缺点是容易变色和挂脏物、不易清洁和放水时噪声大。2.钢板搪瓷浴缸坚硬而持久，表面是瓷或搪瓷，其优点是价位居中、不易挂脏物和容易清洁、不易褪色，缺点是保温不好。3.铸铁搪瓷浴缸分量较重且持久耐用，表面的搪瓷相对较薄，缺点是放水后会迅速地变冷，价位较高，优点是不易挂脏物和容易清洁、保温和放水时声音较小。按形式可分为无裙边、有裙边、独立式、按摩等浴缸。

浴缸的选购方法和注意事项： 材料的质量和厚度决定着浴缸的坚固程度，可用手按、脚踩的方式来查看；检查外表的釉面质量是否光洁、平滑、色泽是否均匀、有无针眼和气泡、脱釉等现象；轻击浴缸应该发出清脆悦耳的声音；铸铁搪瓷和钢板搪瓷浴缸如果搪瓷镀得不好，其表面会出现细微的波纹；尽可能选购品牌产品和有质量保证、有售后服务的产品等；注意产品附属配件的重要性，往往产品的使用寿命和容易出现问题的部分多数在配件上。

油　漆

油漆的分类： 1.按部位可分为墙漆、木器漆和金属漆等，墙漆分为内墙漆和外墙漆，主要以乳胶漆为主；木器漆主要有聚酯漆和硝基漆等；金属漆主要瓷漆。2.按状态可分为水性漆和油性漆，乳胶漆是主要的水性漆，聚酯漆和硝基漆是油性漆。3.按功能可分为防水漆、防火漆、防霉漆、特种漆等。4.按作用形态可分为挥发性和不挥发性油漆。5.按表面效果可分为透明漆、半透明漆和不透明漆。

油漆的选购方法和注意事项： 查看包装和环保检测报告，品牌油漆的包装精美，包装上注明了名称、商标、净含量、成分、保质期和使用方法等相关信息，合格的品牌油漆一般都具有相关权威部门的环保检测报告，国家标准规定VOC每1L不能超过200g，游离甲醛每1kg不能超过0.1g；掂分量判断其优劣，优质的油漆晃动其漆桶时一般不会听到声音，若晃动出声音则表明油漆分量不足、黏度不够等属于劣质产品；辨别木器漆时可通过目测和嗅其味道来判别，丙烯酸油漆是像牛奶一样的乳白色液体，有点酸的味道，聚氨酯漆则是像鸡蛋清一样的半透明液体，有清淡的油脂香味等。

塑钢门窗

塑钢门窗：具有抗风压、强度高、气密性好、空气和雨水渗透量小、传热系数低、保温、节能、隔声和隔热、阻燃、不易老化等优点。塑钢以硬聚氯乙烯（PVC）塑料型材为主材并配以五金来组成完整的塑钢门窗，型材为多孔空腔，主空腔内有冷轧钢板制成的内衬钢，外观颇有硬木和大漆的效果，型材厚度应在2.5mm以上。

塑钢门窗的选购方法和注意事项：注意查看产品的包装，看产品的名称、执行标准、质量等级等相关信息；查看质检证明，如果检查报告中的检查项目有铅的成分，则说明该产品是PVC型材；看型材表面的色泽，应该均匀呈青白色或象牙色，表面应无划痕、焊接处无裂纹，材质差的材质多数会偏色，如白中带黄、容易变黄、老化和变形、脆裂；看腔体内钢衬质量的好坏，钢衬对加强型材的物理力学性能能有很大的作用，好的塑钢腔内钢衬尺寸规整，而且与腔体空隙尺寸符合，假的塑钢腔内钢衬尺寸与腔体空隙较大甚至没有钢衬，检查型材内是否有钢衬可用磁铁吸一下，国家有关规定要求内衬钢衬的厚度达到1.2mm才能用于门窗中，同时需经防锈处理；塑钢门窗的玻璃应平整无水纹、安装牢固且不直接与型材接触，有密封压条压紧缝隙，双层玻璃则夹层内应无粉尘和水汽，开关、五金配件严密而灵活等；五金配件是塑钢门窗结构的关键性部件，其好坏关系到塑钢门窗的使用性能和寿命。

铝合金门窗

铝合金门窗：铝合金门窗具有质轻、强度高、密封性能好、造型美观、耐腐蚀性墙等特点。按照风压强度和空气渗透（气密性）、雨水渗透（水密性）的性能指标可分为高性能门窗、中性能门窗、低性能门窗三类；按空气隔声性能可分为四个等级，隔声量大于2dB者为隔声门窗；按隔热性能可分为三级，传热阻值大于0.25m²·K/W者为保温门窗。

铝合金门窗的选购方法和注意事项：看材质型号的厚度，如70、90系列铝合金推拉门，55、60、70、90系列的推拉窗等；看型材的强度、硬度和色度，同一根型材的色泽应该一致；看材质的平整度，要注意几何形状是否准确、板身是否平整、无气泡、无划痕、色调均匀、表面光洁；检查氧化膜的厚度，铝型材氧化膜的厚度应能达到10μm，这对型材的耐磨性、耐腐蚀性、防晒性能有很大的影响，劣质的型材没有经过严格的阳极氧化和封孔处理，因此容易变色，在膜厚和硬度上都达不到标准要求，在选购时可在型材表面轻划一下，看其表面的氧化膜是否可以擦掉；看型材产品的加工精度和质量等。

防盗门

防盗门：防盗门根据其结构的不同可分为平开式、推拉式、折叠式、栅栏式等多种形式，家庭主要以平开式防盗门为主，防盗门从材质上可分为以下几种：1.钢质防盗门，是最常用的防盗门类型。2.钢木门，门的内部采用钢板材料而表面采用木面材质，可以和室内装饰风格相协调，但价格相对较高。3.铝合金防盗门，其铝合金材料的硬度较高、色泽亮丽、不易褪色，不同于普通铝合金型材。4.不锈钢防盗门。5.铜质防盗门等。按等级可分为A、B、C级防盗门，其中C级防盗性能最高，B级其次，A级最低。A级防盗门一般适合家庭使用，A级要求全钢质、平开全封闭式，达到在普通机械手工工具与便携式电动工具相互配合的作用下，其最薄弱环节能够抵抗非正常开启的净时间大于或等于15min，或者应能阻止切割出一个穿透门体的615cm²的洞口。

防盗门的选购方法和注意事项： 选购防盗门时可以要求商家出示有关部门的检测合格证明，有企业在省级公安厅内安全技术防范部门发放的安全技术防范产品准产证，注意防盗安全门的"FAM"标志和执行标准等；检查质量，应特别检查有无焊接缺陷，如开裂、无焊透、漏焊、夹渣等现象，看门框和门扇配合是否密实，正常的间隙是下侧为5mm其余为3mm，开关门扇时应轻松无卡滞等现象，所以接头应密实和牢固等；其制作工艺要科学合理，钢板厚度不应小于2mm，门芯的钢板厚度不能小于1mm，门芯中心应有钢骨架和填充物；防盗锁应具有防钻、防锯、防撬、防拉、防冲击、防技术开启等功能，合格的防盗门应该采用经公安部门检测合格的防盗专用锁，为三方位锁具或五方位锁具，不仅门锁锁定，上下横杆都可以插入锁定，A级防盗门锁舌（栓）的伸出长度应大于14mm，B级应大于20mm，在主锁舌（栓）的传动装置与锁身对应的关键部位应有防钻钢板或防钻套等保护措施；在选购防盗门时要注意勿把其他类似的门当作防盗门，更不要购买不标注生产的厂家的防盗门产品。

普通玻璃

普通玻璃： 玻璃是以硅砂（石英砂）、纯碱、长石和石灰石等为主要原料，经熔融、成形、冷却固化而形成。普通玻璃即普通平板玻璃，也称白玻璃或净片玻璃，按照玻璃的生产方法可以分为引上法普通平板玻璃、平行引拉法普通平板玻璃、浮法玻璃。平板玻璃是使用最多的一种，也是加工其他艺术玻璃的原片，如钢化玻璃、夹层玻璃、镀膜玻璃、中空玻璃等。按照国家标准根据其外观质量，平板玻璃分为优等品、一等品、二等品，浮法玻璃分为优等品、一等品、合格品三个等级。玻璃的弯曲度不得超过0.3%。

普通玻璃的选购方法和注意事项： 1.玻璃的厚度要均匀，尺寸要规范。2.没有气泡、结石、波纹、划痕等瑕疵。3.注意查看玻璃的平整度和四角有无破损。4.注意玻璃的透光性，家居装修宜采用高透光率的普通玻璃，不宜选用有偏色的玻璃，如灰色、茶色等，窗内应配置窗帘，起遮光、隔热、吸声、装饰等作用。

钢化玻璃

钢化玻璃： 是经平板玻璃加工成的一种具有安全性的玻璃，分为物理钢化和化学钢化两种方法。物理钢化又称为淬火钢化玻璃，是将普通平板玻璃加热到接近玻璃的软化温度600℃时，通过自身的形变消除内部应力，然后再用多头喷嘴将高压冷空气吹向玻璃的两面，使其迅速均匀地冷却降温后完成淬火钢化玻璃的过程。钢化后的玻璃处于内部受拉、外部受压的应力状态，当局部发生破碎时就会发生应力释放，玻璃会破碎成没有棱角的小碎片，因此这种玻璃不容易伤人。化学钢化玻璃是通过改变其表面的化学组成来提高玻璃的强度和达到钢化的目的。钢化玻璃的强度比普通玻璃大4~5倍，抗冲击强度高，弹性大，热稳定性好，能承受204℃的温差变化。

钢化玻璃的选购方法和注意事项： 区分钢化玻璃与普通玻璃的方法是看其破碎后的状态，如破碎后是小碎块即为钢化玻璃，如形成锋利的尖角状则为普通玻璃；钢化玻璃可以透过偏振光片在玻璃的边部看到彩色条纹，在玻璃的层面观察可以看到黑白相间的斑点；钢化玻璃不能切割、磨削，边角不能碰击和挤压等；注意钢化玻璃有"自爆"特性，主要原因是其中存在非玻璃体物质所造成的应力集中作用，当超过一定的技术极限时就会产生自爆现象，因此钢化玻璃应磨边，否则容易在使用和安装过程中产生应力集中而发生自爆。

中空玻璃

中空玻璃： 是指由两层或两层以上的普通平板玻璃构成，其四周用高强度、高气密性复合粘结剂将两片或多片玻璃与密封条、玻璃条粘结密封，其玻璃中间充入干燥气体，框内充入干燥剂以保证玻璃空间内的空气干燥度，同时还有采用内抽真空或充氩气的方式。中空玻璃具有保温、隔热、隔声、节能和环保的性能和优点，其按玻璃原片的不同，可分为普通透明中空玻璃、镀膜中空玻璃、钢化中空玻璃、夹层中空玻璃、弧形中空玻璃等。

中空玻璃的选购方法和注意事项： 中空玻璃的间隔层厚度常为6mm、9mm、12mm等，合格的中空玻璃并不真空，要填充惰性气体氩和氪，如果完全真空，大气压会将玻璃压碎；中空玻璃的气体间隔层和玻璃的厚度与传热阻的大小有关系，其间隔层愈大或玻璃愈厚其传热阻愈大，但到达一定程度其传热阻的增长率就会逐渐减小，因此在选购中空玻璃时要根据对节能环保的要求来选择适当厚度的玻璃和间隔层的大小；检验真正的中空玻璃可看冬季玻璃之间有无出现冰冻和春夏有无水汽，隔热性能低劣的中空玻璃常因空气、水汽的进入导致起雾发花和出现霉点；窗框的材质也是一个重要的标志，中空玻璃一般均为塑钢而非铝合金；注意勿把双层玻璃当作中空玻璃，市场上的冒牌中空玻璃多为两块玻璃简单地粘结在一起，仅仅为双层玻璃，其保温和节能的功效必然很差。

压花玻璃

压花玻璃： 压花玻璃又称花纹玻璃和滚花玻璃，是采用压延方法制成的一种单面有图案的平板玻璃，其具有透光不透明的特点和有很好的装饰效果，压花玻璃的强度要比普通玻璃大10倍以上。压花玻璃与磨砂玻璃类似，磨砂玻璃的一面雷同细砂毛面，是毛毛糙糙的。磨砂玻璃与压花玻璃两者在光学性质上基本相同，但磨砂玻璃透过的光线更均匀柔和。

压花玻璃的选购方法和注意事项： 压花玻璃和磨砂玻璃要注意保护有花的一面，若沾上油腻和污物不易清洁，其他查看方法如同普通平板玻璃。

夹层玻璃

夹层玻璃： 是一种安全的玻璃处理方法，其一般由两片普通平板玻璃中间夹有机胶合层（PVB）材料构成，也可多层玻璃和夹层构成，是在两层玻璃之间嵌夹透明胶合层，经过加热、加压粘合在一起形成平面或曲面的复合玻璃形式。其主要特点是玻璃破碎时只产生辐射状裂纹而不会脱落和飞散，因此其抗冲击强度好和防范性能好、比较安全，同时具有耐光、耐热、耐潮、耐寒、隔声等性能。夹层玻璃的透明性好，抗冲击强度高，采用多层玻璃或钢化玻璃复合起来可制成防弹玻璃，但其机械强度和稳定性不如钢化玻璃，主要用于门、窗、顶棚、地板、隔墙等。

夹层玻璃的选购方法和注意事项： 注意查看夹层是否有脱胶现象，合格的夹层玻璃其中间的PVB膜与玻璃之间应紧密粘合，注意夹层玻璃胶片的厚度，因为胶片的厚度对夹层玻璃的特性有着较大的影响，通常其厚度有0.38mm、0.76mm、1.52mm等，品种有透明、乳白、蓝色、灰色、绿色、茶色等。

暖　气

暖气： 又称散热器，根据材质不同可大致分为5种。1. 铸铁暖气，其承压低、体积大、外形粗陋等，是传统的暖气形式。2. 钢制暖气，其重量轻、外形美观、散热性能较好，但其怕氧化，需要采取内防腐处理，停暖时一定要充分密闭保养，防止空气进入，满水保养可延长其寿命。3. 铜铝复合暖气，铜制的水道防腐，铝片散热较好，无须内防腐，易清理，是一种耐用和易养护的暖气。4. 钢铝复合暖气，其散热量基本与铜铝复合暖气相当，性价比优于铜铝复合暖气。5. 全铜暖气，铜制暖气非常节省空间，可根据需要制作成多种造型，其散热性好和防腐效果好，适用于各种采暖系统，但价格高。

暖气的选购方法和注意事项： 暖气的设置要和供暖房屋的面积相匹配，计算出房屋面积需要的散热量，然后确定暖气的设置规格和片数，一般家庭住宅可参考45~70W/m² 来计算，同时也要考虑到房屋是楼房、平房、顶层还是低层、端头还是中间、墙体有无保温等因素，国家规定室内每平方米应能达到80W，计算出瓦数后就可根据需要的瓦数计算出暖气的片数；选购暖气时要考虑到适合自家的供暖系统和散热性能，不宜只图美观等。

电线

电线： 电线通常以横截面来表示其大小和规格，照明用电线常用1.5mm^{2}大小的电线、插座一般用2.5mm^{2}规格大小的电线，接线选用绿黄双色线，开关线（火线）用红、白、黑、紫等任意一种线即可。

电线的选购方法和注意事项： 电线电缆产品是国家强制性认证产品，因此选购时要查看产品是否具有产品合格证和中国电工产品认证委员会的长城标志、认证编号、型号、规格、额定电压、长度、厂商名称等；电线电缆的表面应光滑圆整、色泽均匀、手感细腻，通常劣质产品外观粗糙等；查看电线的线芯，应选用纯铜材料经过严格拉丝、退火软化和绞合的线芯，其表面应光洁、平滑、无毛刺，绞合紧密平整、柔软而有韧性、不易断裂等，劣质铜质线芯偏黑和发硬；选择电线的规格型号和类型，一般家庭常用铜芯线，其型号有BV、BVV、BVVB、BVR、RVV（国家标准）等，聚氯乙烯塑料护套线具有生产工艺简单、敷设方便、防潮、耐油、耐酸、耐温、耐腐蚀性好等特点，也是家庭中常用的电线类型，还有一种橡胶绝缘软线多用于临时接线；家用导线截面通常在1.5～10mm^{2}之内，应根据实际情况选择；选购电线时可取一根电线头用手反复进行弯曲，凡是手感柔软、抗疲劳强度好、塑料或橡胶手感弹性大且电线绝缘体上无龟裂的则为优等产品。

开关和插座

开关和插座： 开关的安装高度一般为1.3m左右，分为单开、双开、三开、多开等，插座分为两孔插座、三孔插座、五孔插座等几种形式，以分别对应几种不同的电器插销来使用。

开关和插座的选购方法和注意事项： 根据使用的部位来选择插座，卫生间、厨房要选用防水插座，空调需要专用的空调插座，一些对雷电敏感的设备最好用带电源防护器的插座，电源插座的额定电流值应大于所接电器的负荷电流值；选购时要注意产品的安全性、内在质量、开关的手感以及材质的好坏，注意切忌贪图便宜购买劣质产品，一定要选用合格和质量较好的产品，才能保证正常使用和避免不必要的麻烦。

灯具

灯具： 灯具是现代居室装饰中重要的组成部分，其对空间效果的营造具有无可代替的作用。灯具包括光源、灯罩、管线和电子附属产品等。灯具的光源有白炽灯、节能灯、金属卤素灯、LED灯等几种，这些光源各有利弊和特点，选用时需考虑其特点。1.白炽灯的特点是寿命短，但其显色度高，使物体能够显示本来面目和颜色比较柔和。2.节能灯具有降低能耗和节约电能的功效，一个9W的节能灯相当于40W的白炽灯，节能灯的寿命较长，可以达到10000h以上，显色度也较好。节能灯有黄光和白光两种，黄光给人暖的感觉而白光给人冷的感觉。品质高的节能灯通常使用真正的三基色稀土荧光粉，在保证使用寿命的同时具有较高的亮度，节能灯在使用一段时间后会出现变暗的现象，就是因为荧光粉损耗或称技术光衰。3.金属卤素灯其实是白炽灯的一种，其使用寿命也不是很长，这种光源主要用于重点照明。4.LED灯又称二极发光管，属于新技术光源，但目前在技术上仍需要完善。

灯具的选购方法和注意事项： 要注重灯具的光源、照度好形式的选择，不同的光源有不同的效果，而照度决定着亮度，灯具的形式营造着空间的氛围；灯具的形式、风格、大小要与空间的整体风格、尺度相协调；要注意灯具的清洁、维护和安全性等因素。

窗帘

窗帘： 按其开启方式可分为掀帘式、帘楣式、上下开启式等。1.平拉式是最常用的窗帘形式，其样式简洁大方、悬挂和掀拉都很简单。2.掀帘式也是常用的形式，其在窗帘中间系一个蝴蝶结起装饰作用，窗帘可向两侧掀起形成柔美的弧线，很有装饰性。3.帘楣式窗帘要复杂一些，在窗帘的顶部增加了形式感很强的帘楣，具有更好的装饰性。4.升降式窗帘是垂直升降的开启形式，是由下向上开启的。窗帘的常用材料主要有竹木材质、粗料布质、细料布质和纱质窗帘等几种。

窗帘的选购方法和注意事项： 根据家居空间的形式和风格来确定窗帘的形式和材质，因为窗帘的形式感和材质的肌理与质感具有很强的装饰性，是空间装饰的重要组成部分，应考虑和其他材质和色彩的搭配效果等。

胶粘剂

胶粘剂： 在家居装饰中具有很重要的作用，它是质量的重要保证同，时又是环境污染的主要污染源，因此对胶粘剂的了解和正确选择具有相当的重要性。胶粘剂的种类很多，常用的有如下几种。1.108胶是107胶的升级换代产品，是高分子水溶性聚合物，具有粘结性能好、防菌耐老化、无毒、无味等特点，主要用于墙面批腻子前的打底滚涂、石膏粉和粘石膏线等。2.CX401胶，是以氯丁橡胶—酚醛树脂常温硫化而成的淡黄色胶液，主要适用于金属、橡胶、玻璃、木材、水泥制品、塑料和陶瓷等粘合，常用于水泥墙面、地面和橡胶、塑料制品、塑料地板、软木地板等的粘结。3.405型胶，是聚氨酯类胶粘剂，具有粘结力强、耐水、耐油、耐弱酸、耐溶剂等特点，常用于粘结塑料、木材、皮革等。4.4115型强力地板胶，以合成树脂为基料，选用新型助剂的一种新产品，其初粘性能好、粘结力强、耐水、坚韧，主要用于粘贴地板。5.502胶，是一种瞬间固化的粘结剂，适用范围除对聚乙烯、聚丙烯、含氟和含硅塑料、橡胶、软质聚氯乙烯等材料必须进行特殊处理外（打磨表面），对其他各种材料均能直接粘结。6.605型胶，是以环氧树脂为基础的胶粘剂，适用于各种金属、塑料、橡胶和陶瓷等多种材料的粘结。7.801型胶，是一种微黄色或无色透明的胶体，无毒、无味、不燃，可用于墙布、壁纸、瓷砖和水泥制品等的粘贴，也可以用作内外墙和地面涂料的胶料，还可以用来粘贴装饰面板、铝塑板、金属塑料、木制角线等。8.8104型胶，是一种无毒、无臭的白色胶液，其耐水、耐潮性好，初始粘结力强，对温度、湿度变化引起的胀缩适应性强，不开胶，适用于在水泥砂浆、混凝土、水泥石面板、石膏板、胶合板等墙面上粘贴纸基、塑料壁纸等。9.白乳胶呈现为乳白色稠厚液体，其可常温固化、固化较快、粘结强度高，粘结层具有较好的韧性和耐久性且不易老化，可广泛应用于粘结纸制品（墙纸），也可用作防水涂料和木材的胶粘剂等。10.云石胶，AH—03大理石胶粘剂，是以环氧树脂等多种高分子合成材料为基础配制而成的膏状黏稠胶黏剂，适应于大理石、花岗岩、马赛克、瓷砖等与水泥基层的粘结和石材对石材的粘结。11.膨胀胶，多用来封闭和固定缝隙。12.玻璃胶，酸性硅酮玻璃胶用于玻璃、瓷制品、PVC、金属、石材的粘结和填缝。13.硅酮密封胶，是以硅橡胶为主体材料的密封胶，主要用于建筑、汽车等各类门窗安装，玻璃装配的粘结和密封等。

胶粘剂的选购方法和注意事项： 建议到大型建材商场和正规的市场去选购胶粘剂产品，以避免购买到劣质和假冒的产品，造成环境的污染，严重的会使人致癌，如苯、甲苯、二甲苯、甲醛等；注意检查产品的检测报告和环保指标，不宜选购外包装粗糙、容器外形歪斜、印刷模糊不清的产品；胶粘结剂的胶体应均匀、无分层、无沉淀、无冲鼻刺激性气味等。

家居装饰验收的技巧

对于家居装饰来说,一般要做五个方面的验收工作,即水、电、瓦、木、油五道施工工序的验收,并以国家验收规范和施工合同约定的质量验收标准为依据,对工程各方面进行验收,对非专业的消费者来说,验收时应注意以下几点:

(1) 水的验收

包括水池、面盆、洁具、上下水管、暖气等的验收工作。验收时应注意水池、面盆、洁具的安装是否平整、牢固、顺直;上下水路管线是否顺直,紧固件是否已安装,接头有无漏水和渗水现象。在安装完成后必须调试水管水压,切记不要选用劣质水阀,冷、热水和暖气应该试用一段时间,以保证无安全隐患。要检查厨房卫生间的上下水管道,看排水管道排水是否顺畅,可以把洗菜池、面盆、浴缸放满水,然后排出去,检查一下排水速度。对马桶的下水检查则需反复多次进行排水试验,看看排水效果。

(2) 电的验收

包括电源线(插座、开关、灯具)与弱电(包括电视线路,电话和网络等)的验收工作。验收时必须注意电源线是否使用国家标准铜线,一般照明和插座使用$2.5mm^2$线,厨卫间使用$4mm^2$线;如果电源线是多股线,还要进行焊锡处理后方可接在开关插座上;电视和电话信号线要和电源线保持一定的距离(一般不小于250mm);灯具的安装要使用金属吊点,完工后要逐个试验。检查配电线路时,可以打开所有的灯具开关,看灯具是否都亮。如果条件允许还应该用万用表检查插座是否有电,用电话机检查电话线路是否有信号,用天线检查工具检查电视天线的信号。

(3) 瓦工工程的验收

包括瓷砖(湿贴、干贴)、石材(湿贴、干贴)等的验收工作。验收时要注意施工前是否进行了预排预选工序,即把规格不一的材料分成几类,分别放在不同的房间或平面,以使砖缝对齐,把个别有瑕疵的材料作为切割材料使用,这样就能做到既节约用材又不影响效果。瓦工工程验收时,要注意检验墙地砖的空鼓问题。检查厨房、卫生间以及其他部位墙地砖的空鼓时,用一个小橡皮槌随意地敲敲瓷砖、地砖就可以了。如果空鼓率超过3%,说明存在质量问题(空鼓率是指100块瓷砖或地砖当中存在空鼓的数量)。

(4) 木工工程的验收

包括门窗、吊顶、壁柜、墙裙、暖气罩、地板等的验收。验收时要注意看木材是否已烘干,只有烘干的木材日后才不会变形;木方要静面涂刷防火防腐材料后方可使用,细木工板要选用质量高、环保的材料。大面积吊顶、墙裙每平方米不能少于8个固定点,吊顶要使用金属吊点,门窗的制作要使用质量较好的材料,以防变形。地板找平的木方要大些(一般不应小于$6cm×6cm$)。检查木制品时,由于工艺比较复杂,最为简单的方法是检查木制品是否变形,接缝处开裂现象是否严重,五金件安装是否端正牢固等,这些基本上可以靠眼睛去观察。

(5) 油漆工程的验收

包括油漆(清油、混油)、涂料、裱糊、软包等验收工作。验收时要注意,装饰装修的表面处理非常关键,涂刷或喷漆之前一定要做好表面处理。在木器表面应先刮平腻子,经打磨平整后再喷涂油漆;墙面的墙漆在涂刷前,一定要使用底层腻子,以防墙面不平和变色。